职业教育课程改革创新教材

U0880283

用微课学 51 单片机

主　编　白炽贵　周永灿

副主编　邓青川　王光伟　刘成凤　高　宇

主　审　王孝强　曹永林

電子工業出版社

Publishing House of Electronics Industry

北京 • BEIJING

内 容 简 介

本书与电子工业出版社出版的《用微课学电子 CAD》对接，以学生按该书指导亲手设计并焊接而成的 51 单片机开发板为实操平台，以“Windows 7+Keil μVision5+STC-ISP”为编程系统，以 C 语言为编程工具，引导学生在自己设计并焊接的硬件平台上完成编程实训，从驱动一位数码管显示“8.”的编程（仅 7 行代码）起步，到综合了单总线、双总线、三总线、两个外中断、一个内中断而实现的两路实时时间控制和一路实时温度控制的产品开发型编程（600 行代码）；从 LCD1602、LCD12864 的显示编程到 LED16×16 点阵汉字显示编程；从红外解码到超声波测距，再到步进电机；从经典静态随机存储器到 W29C 系列快闪存储器，再到 STCMCU 片内 EEPROM 存储器；从单片机与单片机间的串行通信到单片机与 PC 间的串行通信，再到单片机与安卓手机间的串行通信；从基于蓝牙技术的单片机与近邻手机的串行通信，到基于 Wi-Fi 技术的单片机与地球另一端的手机串行通信，让学生在自制的 51 单片机开发板上尽情享受编程的乐趣和成功。

本书为方便学生的学和教师的教，每个编程实训都配有全程实操视频，可指导读者正确完成所有实训的代码输入和程序调试，需要者可从华信网上下载。

图书在版编目（CIP）数据

用微课学 51 单片机 / 白炽贵，周永灿主编. —北京：电子工业出版社，2019.10

ISBN 978-7-121-36660-4

Ⅰ. ①用… Ⅱ. ①白… ②周… Ⅲ. ①单片微型计算机—职业教育—教材 Ⅳ. ①TP368.1

中国版本图书馆 CIP 数据核字（2019）第 100362 号

责任编辑：白　楠
印　　刷：北京捷迅佳彩印刷有限公司
装　　订：北京捷迅佳彩印刷有限公司
出版发行：电子工业出版社
　　　　　北京市海淀区万寿路 173 信箱　邮编　100036
开　　本：787×1092　1/16　印张：15.25　字数：390.4 千字
版　　次：2019 年 10 月第 1 版
印　　次：2019 年 10 月第 1 次印刷
定　　价：39.50 元

凡所购买电子工业出版社图书有缺损问题，请向购买书店调换。若书店售缺，请与本社发行部联系，联系及邮购电话：（010）88254888，88258888。

质量投诉请发邮件至 zlts@phei.com.cn，盗版侵权举报请发邮件至 dbqq@phei.com.cn。

本书咨询联系方式：（010）88254591，bain@phei.com.cn。

前 言

本书是职业教育课程改革创新教材之一，与《用微课学电子 CAD》（电子工业出版社 2018 年 7 月出版）一书对接，以学生在电子 CAD 课程中设计、安装、焊接的 51 单片机开发板为硬件实验平台，以“Windows 7+Keil μVision5+STC-ISP”为编程系统，引导学生从零起步，在实训中学习 51 单片机编程技术。

本书以任务驱动形式展开，全书由 12 个项目组成。项目一“构建 51 单片机编程实训的软硬件环境”，由 6 个任务组成；项目二“数码管的显示”，由 4 个任务组成；项目三“单片机中断系统的编程实训”，由 5 个任务组成；项目四“单总线、双总线、三总线器件编程实训”，由 6 个任务组成；项目五“LED16×16 点阵汉字显示编程”，由 2 个任务组成；项目六“串行通信编程实训”，由 4 个任务组成；项目七“存储器编程实训”，由 3 个任务组成；项目八“从云端操控 51 单片机”，由 2 个任务组成；项目九“A/D 与 D/A 转换”，由 2 个任务组成；项目十“LCD 液晶屏编程实训”，由 2 个任务组成；项目十一“红外解码、超声波测距、步进电机、矩阵键盘编程实训”，由 4 个任务组成；项目十二“编程实训的综合提高”，由 3 个任务组成。为方便读者掌握编程技术，本书附录简单介绍了 C 语言编程基础知识。

本书每个任务的案例都是精心设计的，可让学生充满学习兴趣和积极性，例如，数码管的流星显示、外中断嵌套显示、百分钟内任意定时器、LED16×16 点阵汉字显示、PC 向单片机传送汉字点阵数据、基于蓝牙技术的单片机通信，特别是从云端操控 8 路家电控制器案例，能让学生亲身体验物联网技术（手机 APK 由本书直接提供，可从华信网上下载）。

本书在编写过程中，借用了众多网友的 51 单片机编程技巧，特别是书中独具特色的获取汉字点阵数据的程序，就是借鉴网友的经验而开发的，在此，特向这些网友表示衷心感谢。

本书由重庆市綦江职业教育中心白炽贵、周永灿担任主编，邓青川、王光伟、刘成凤、高宇担任副主编。本书由王孝强、曹永林担任主审。

每个编程实训都配有实操视频（MP4 格式），需要者可从华信网上下载。

编　者

本书配套教学资源

读者可利用移动设备扫描下方的二维码访问、浏览本书配套多媒体教学资源。

目 录

1

项目一

构建 51 单片机编程实训的软硬件环境

任务 1　单片机开发板的选取

本书与《用微课学电子 CAD》（电子工业出版社 2018 年 7 月出版）一书对接，即将学生按该书所设计的 PCB 图发给厂家，加工成如图 1-1 所示的电路板，再焊接组装成如图 1-2 所示本书所需的单片机开发板，从而进行各种 51 单片机编程实训。该单片机开发板功能强大，其原理图如图 1-3～图 1-6 所示。若读者没按 CAD 教材进行 PCB 设计，可将本书电子资料包（从华信网上下载）中的 PCB 图发给厂家制板，然后按资料包中的元件清单从网上购买电子元件并焊接、安装，只要焊接无误，就能成功运行本书所有实训任务中的单片机程序。

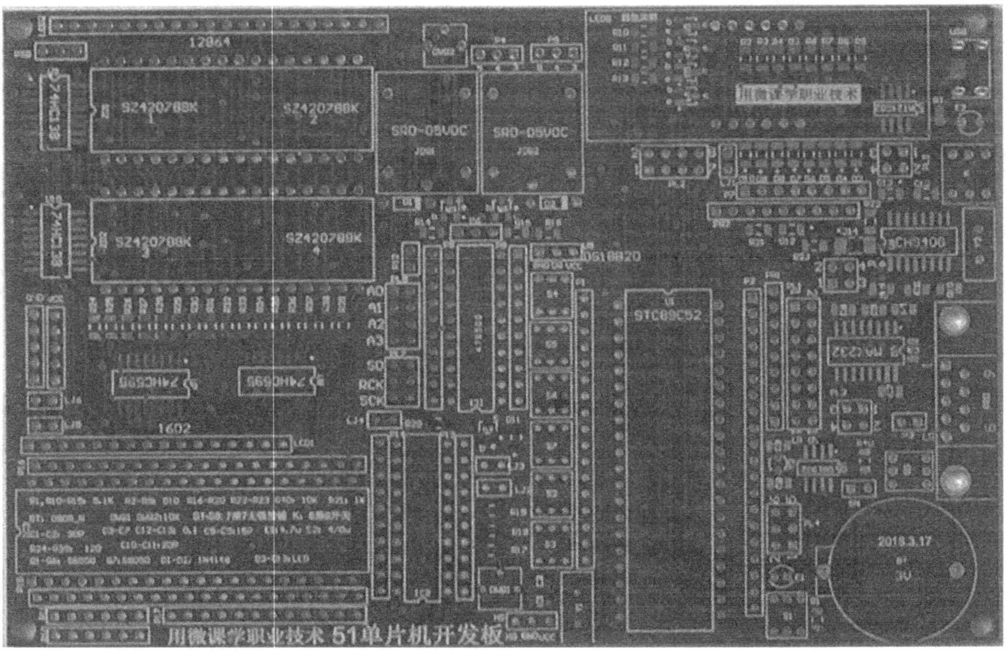

图 1-1　厂家加工的电路板

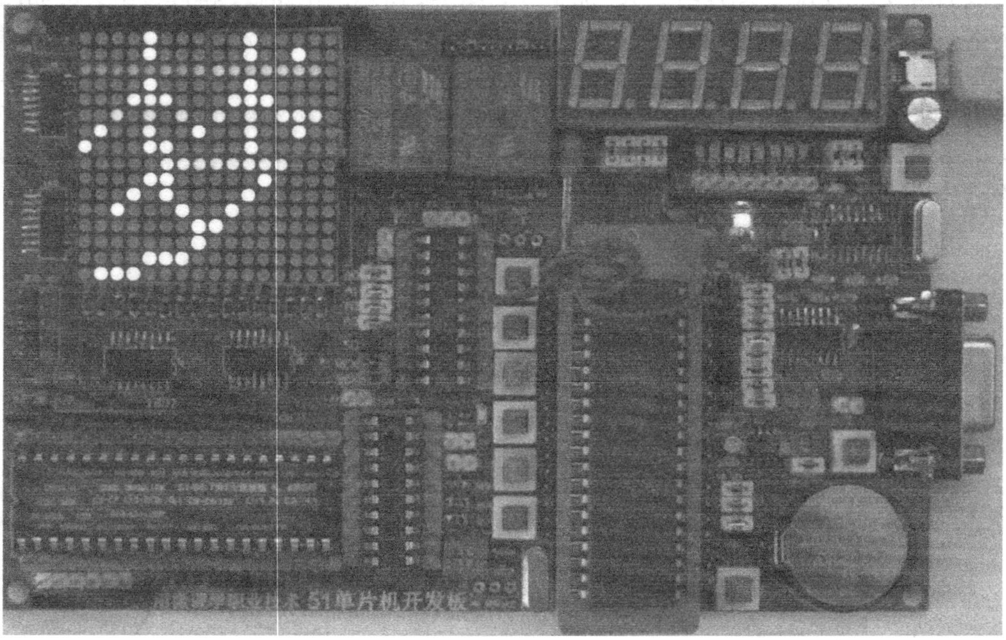

图 1-2　本书所需的单片机开发板

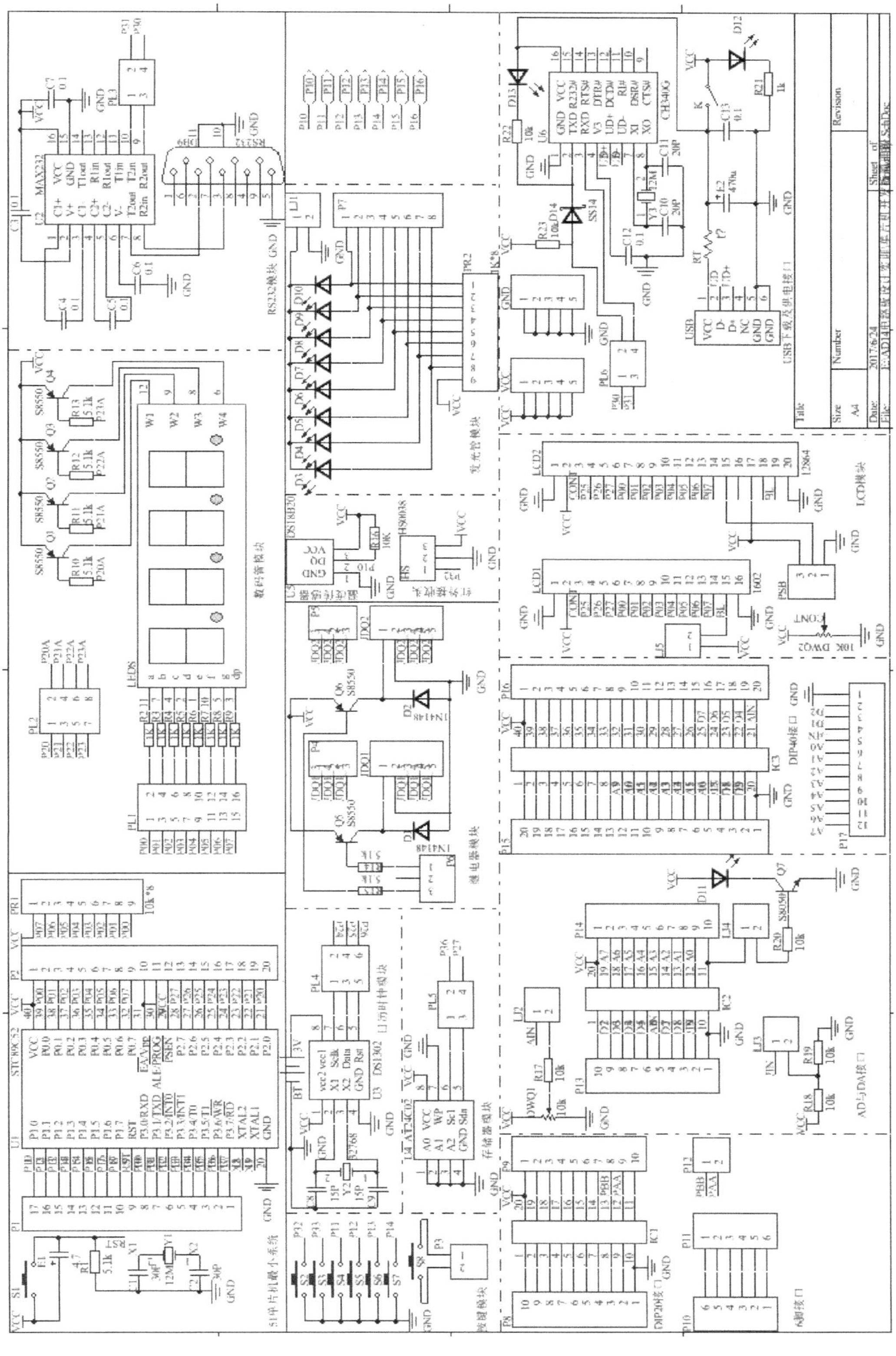

图 1-3　51 单片机开发板子原理图 1

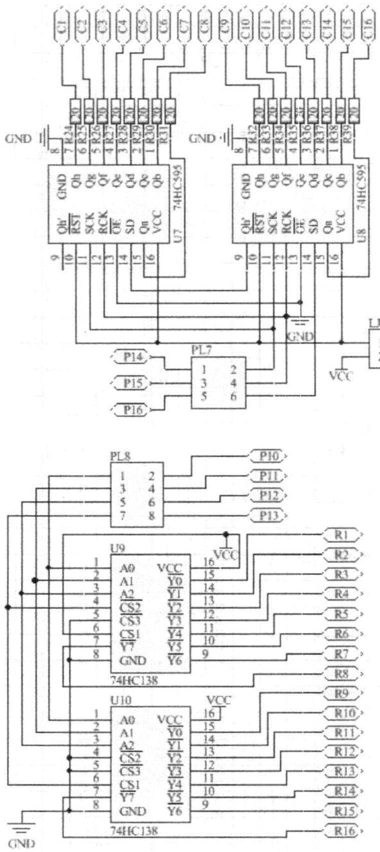

图 1-4　51 单片机开发板子原理图 2

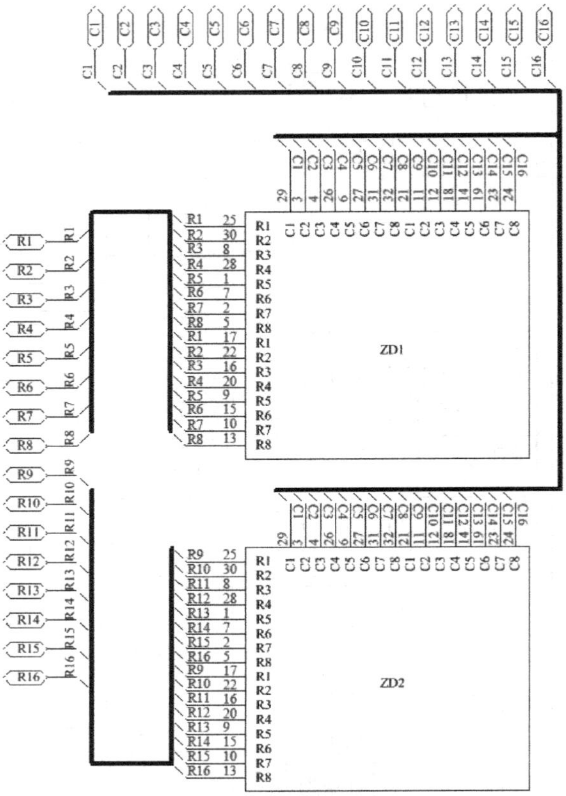

图 1-5　51 单片机开发板子原理图 3

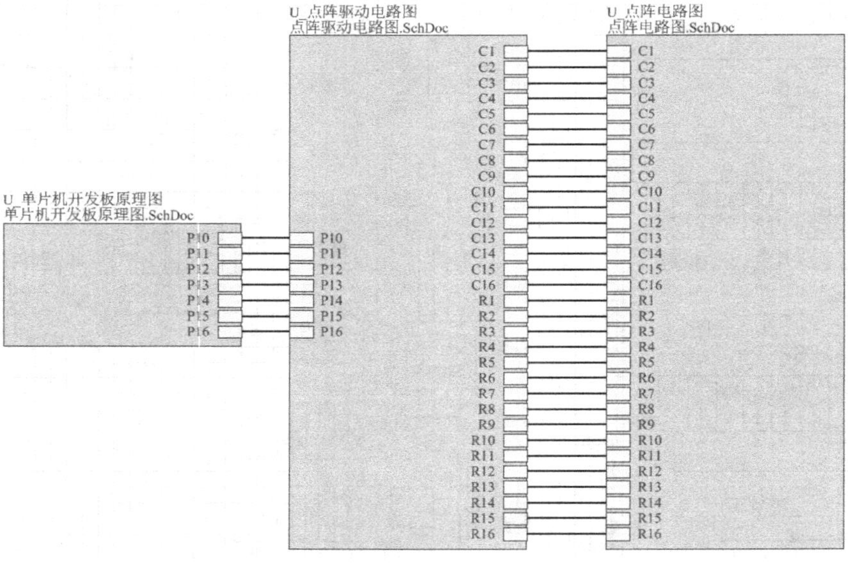

图 1-6　51 单片机开发板主原理图

任务 2 认识单片机芯片

每一块单片机开发板上都有一块单片机芯片，该芯片就是专用集成电路。单片机芯片种类繁多，有 MCS、AVR、PIC 等。本书所介绍的是 MCS 体系中的 8051 单片机。8051 单片机的生产厂商众多，本书及开发板上均使用宏晶公司生产的 STC 品牌 51 单片机。STC 单片机有多种型号，本书使用的具体型号为 STC89C52，它有两种封装，如图 1-7 所示。

图 1-7　STC89C52 的双列直插 40I-DIP 封装和 40I-LQFP44G 封装

本书中单片机开发板使用双列直插 40I-DIP 封装，STC89C52 引脚如图 1-8 所示。

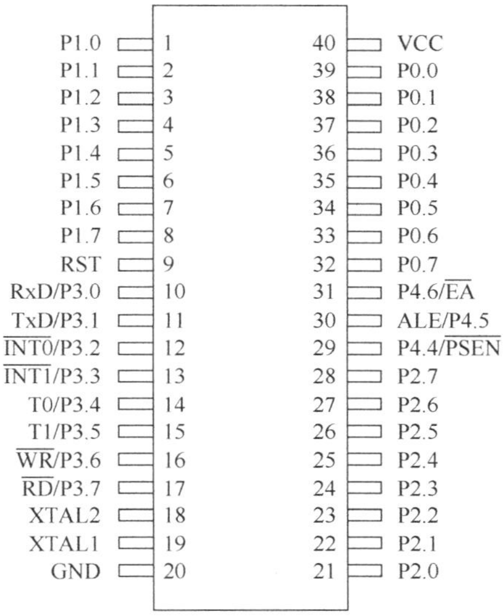

图 1-8　STC89C52 引脚

在图 1-8 中，STC89C52 各引脚的作用如下（括号中的数字表示引脚序号）。

（1）电源引脚 VCC（40）、GND（20）。

（2）时钟电路引脚 XTAL1（19）、XTAL2（18）。

（3）控制信号引脚。

复位信号 RST（9）：其作用是在单片机启动时，使系统从一个确定的初始状态开始运行。

锁存信号 ALE（30）：当访问外部存储器时，其输出用于锁存地址的低位字节。

选通信号 PSEN（29）：外部程序存储器读选通信号。

选择信号 EA（31）：当 EA 为高电平时，执行片内程序；当 EA 为低电平时，执行片外程序。

（4）输出/输入引脚。共有 32 只引脚，组成 4 个口，依次为 P0、P1、P2、P3。4 个口均为 8 位双向 I/O 端口。一般用“P0.0”表示 P0 口的第 0 位引脚，用“P0.1”表示 P0 口的第 1 位引脚，用“P3.3”表示 P3 口的第 3 位引脚。注意，“口”和“位”都从 0 开始编号。对单片机编程的最终目的，就是让某些口的某些位按需要输出高电平或低电平，以驱动被控电路，如数码管模块、继电器模块、LED 点阵模块等。这 32 只 I/O 引脚，既可作为输出引脚，也可作为输入引脚，即程序可检测某引脚为高电平还是低电平，最终获取如日历时钟模块、温度传感器模块、按键模块等的有关数据，从而实现各模块的功能。

任务 3　认识 51 单片机内核

51 单片机内核结构如图 1-9 所示，其中集成了中央处理器（CPU）、程序存储器、数据存储器、输入/输出接口等计算机的基本组成部分，这个集成电路就是一台计算机，能完成各种各样的工业控制功能。而任一功能的完成，都必须靠编程来实现。51 单片机的编程语言有 C 语言和汇编语言两种。本书使用 C 语言来进行 51 单片机程序设计，但对 C 语言不进行全面讲解，只结合任务进行简单介绍，引导读者从程序运行的结果来探讨程序运行的逻辑，从而使读者逐步掌握单片机 C 语言编程技术。

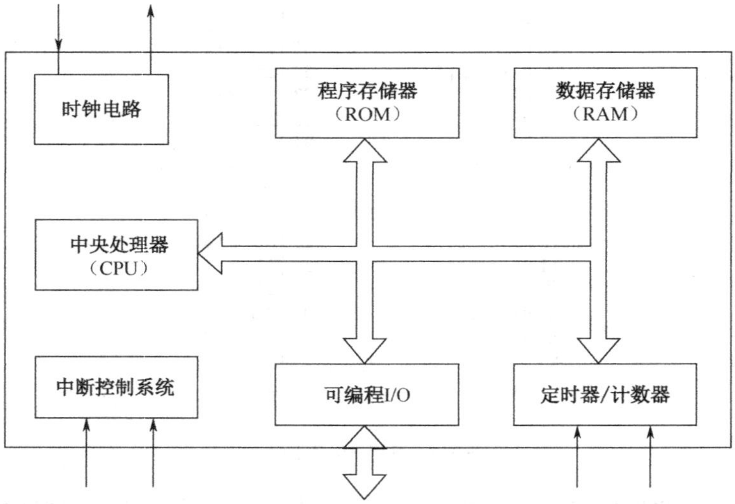

图 1-9　51 单片机内核结构

任务 4　认识 51 单片机最小系统

计算机最小系统，是指 CPU 在系统存储器等的支持下通电开机后能执行编定程序指令的最小电路结构。STCMCU 官方给出的 STC89C52 单片机最小系统如图 1-10 所示。

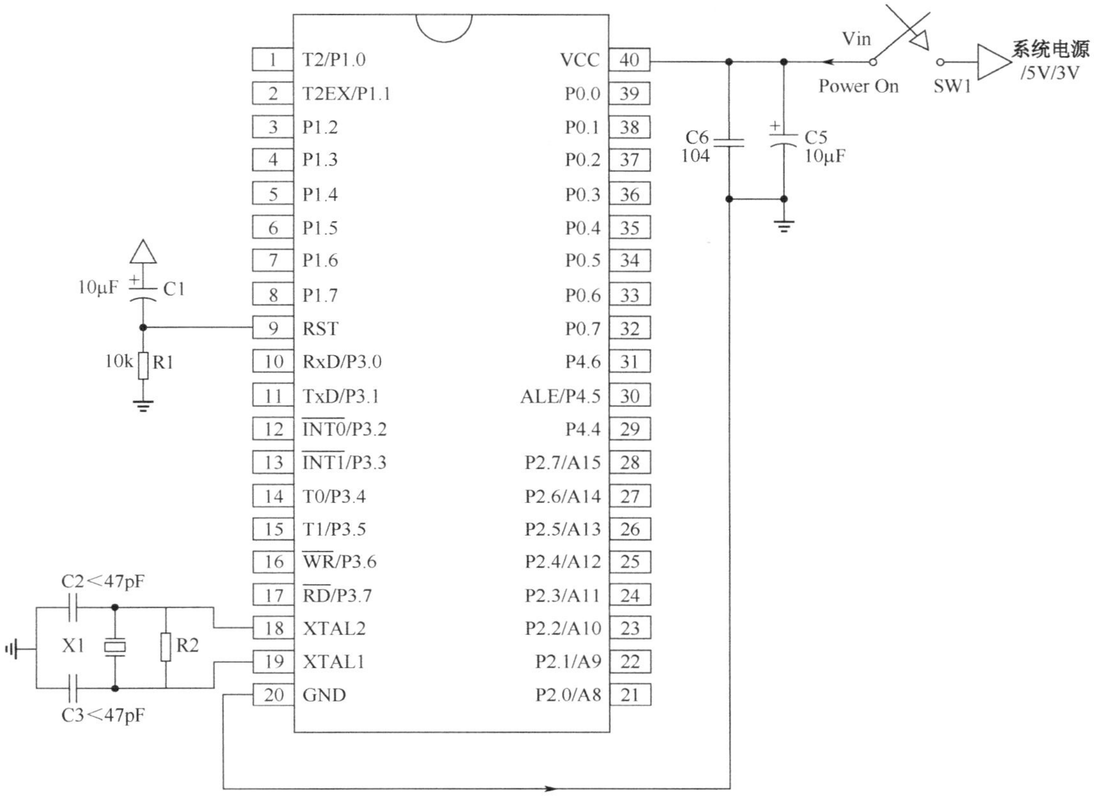

图 1-10　STCMCU 官方给出的 STC89C52 单片机最小系统

本书结合电路板设计实情给出的 51 单片机最小系统如图 1-11 所示。

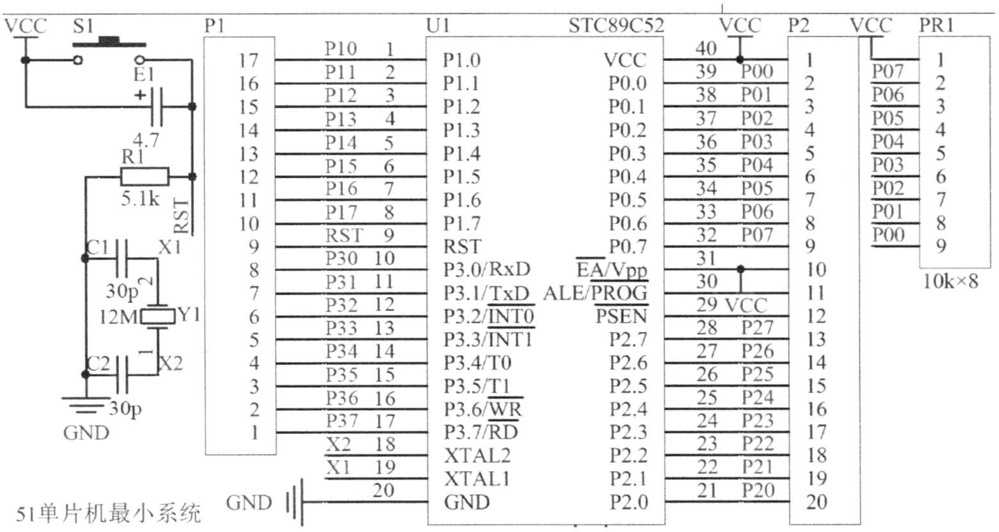

图 1-11　本书给出的 51 单片机最小系统

任务 5　STC-ISP 下载编程烧录软件的下载和安装

打开浏览器，在地址栏中输入“www.stcmcu.com”，然后在该网站主页上找到“STC-ISP 下载编程烧录软件”中的“STC-ISP 软件 V6.86L 完整版”，如图 1-12 所示，单击即可下载。

图 1-12　“找到 STC-ISP 软件 V6.86L 完整版”

下载软件包后将其解压缩，打开其中的“USB to UART Driver”文件夹，再打开“CH340_CH341”文件夹，双击“ch341ser”应用程序，安装 USB 转串口驱动程序，如图 1-13 所示。

图 1-13　安装 USB 转串口驱动程序

接下来，将该软件的图标锁定到任务栏上，以方便使用。然后，单击任务栏上的该软件图标，进入单片机烧录软件的工作界面，如图 1-14 所示。

图 1-14 STC 官方给出的单片机烧录软件工作界面

在图 1-14 中，“串口号”下拉列表框中还没有“USB-SERIAL CH340（COM4）”项，这是因为还未将单片机的 USB 接口与 PC 的 USB 接口连接。只要将单片机的 USB 接口与 PC 的 USB 接口相连，立即就会在“串口号”下拉列表框中出现“USB-SERIAL CH340（COM4）”项，如图 1-15 所示。

图 1-15 “USB-SERIAL CH340（COM4）”出现在“串口号”下拉列表框中

任务 6　安装 Keil 软件

将下载的 Keil 软件包解压缩，就会看到安装程序，如图 1-16 所示。

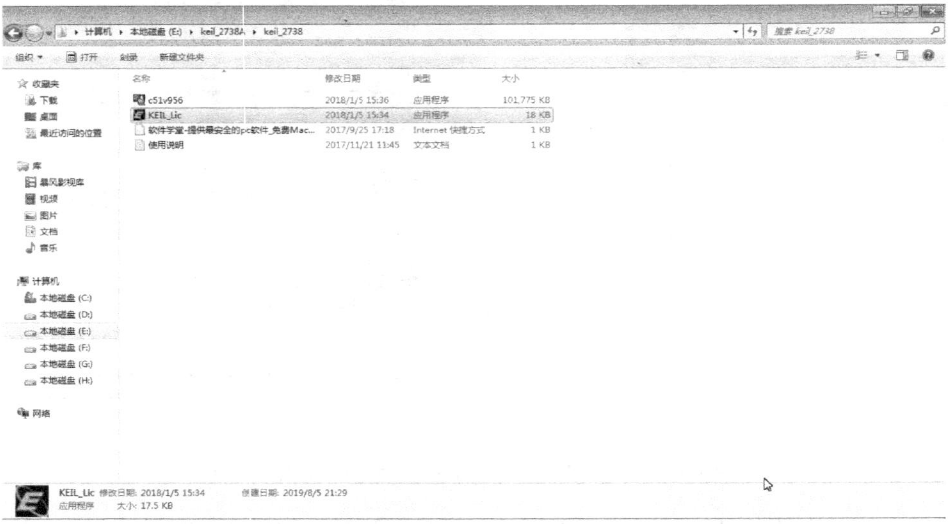

图 1-16　解压缩安装软件包

然后，双击安装程序进行 Keil 软件的安装，完成后在桌面上双击图标，进入“µVision”工作界面，如图 1-17 所示。

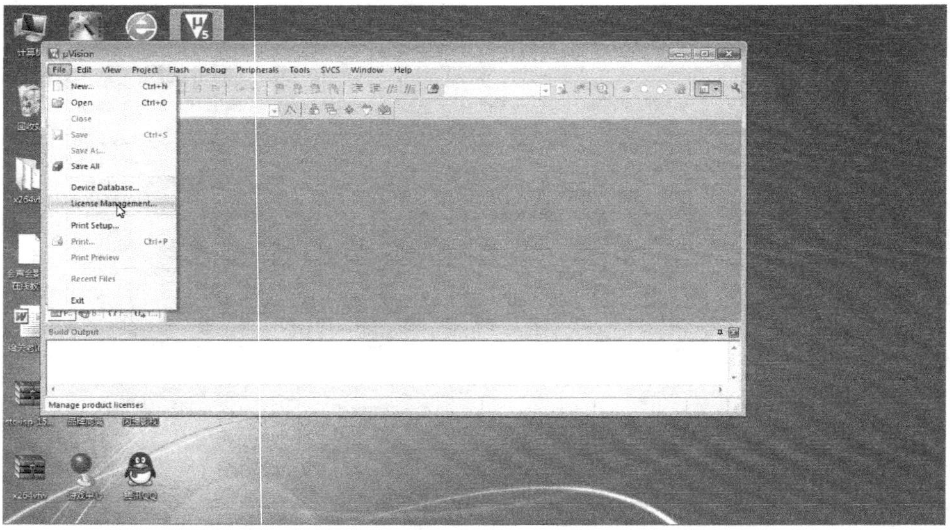

图 1-17　“µVision”工作界面

至此，就完成了 Keil µVision 软件的安装。为便于操作，可将 Keil µVision 软件图标锁定到任务栏。为行文方便，本书后文中 Keil µVision 一律简称“Keil”。

项目小结

本项目简要介绍了本书编程实操的软硬件环境，详细说明了 STC 烧录软件的安装方法及 Keil 软件的安装步骤。本项目的重点内容如下。

（1）51 单片机内核结构：中央处理器（CPU）、程序存储器（ROM）、数据存储器（RAM）、时钟电路、中断控制系统、可编程 I/O、定时器/计数器等。

（2）STC89C52 双列直插 40I-DIP 封装各引脚的名称及功能。

（3）51 单片机最小系统的组成：MCU、电源电路、时钟电路、复位电路。

2

项目二

数码管的显示

任务1　点亮一位数码管

如图 2-1 所示，在任务栏上单击 Keil 软件图标，进入 Keil 编程环境。

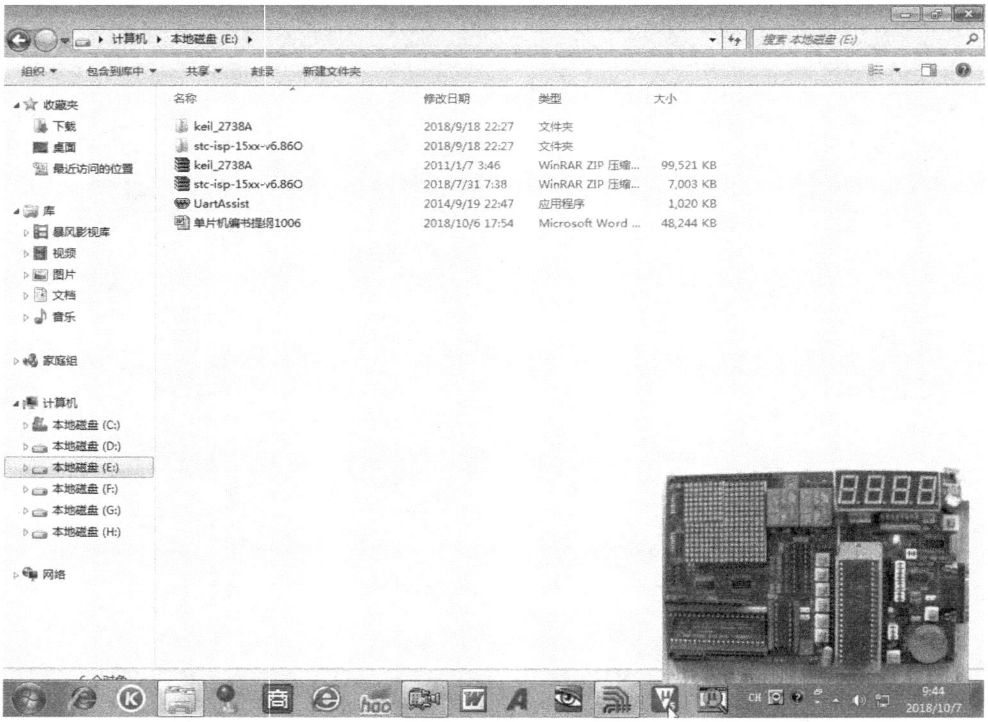

图 2-1　单击任务栏上的 Keil 软件图标

如图 2-2 所示，在 Keil 编程主界面中创建新项目。

图 2-2　创建新项目

系统弹出创建新项目对话框，如图 2-3 所示。在创建新项目对话框中，先在对话框左边的树形结构中选取 E 盘，然后单击“新建文件夹”按钮，将文件夹重命名。

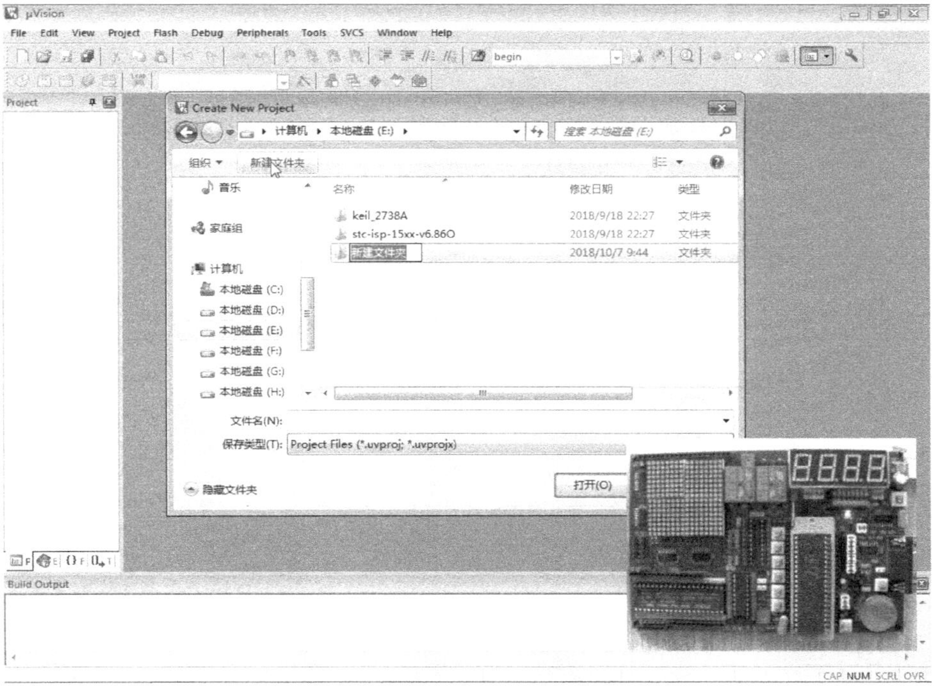

图 2-3　创建新项目对话框

如图 2-4 所示，将文件夹命名为“用微课学 51 单片机”，然后单击“打开”按钮。

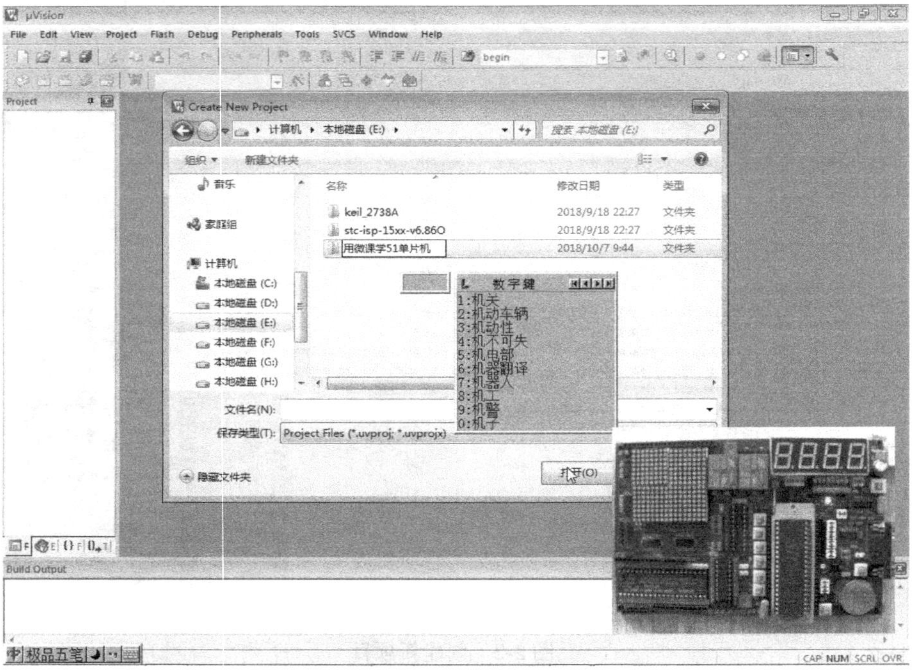

图 2-4 将文件夹命名为“用微课学 51 单片机”

打开后新建“2 数码管编程实训”文件夹，再将其打开，如图 2-5 所示。

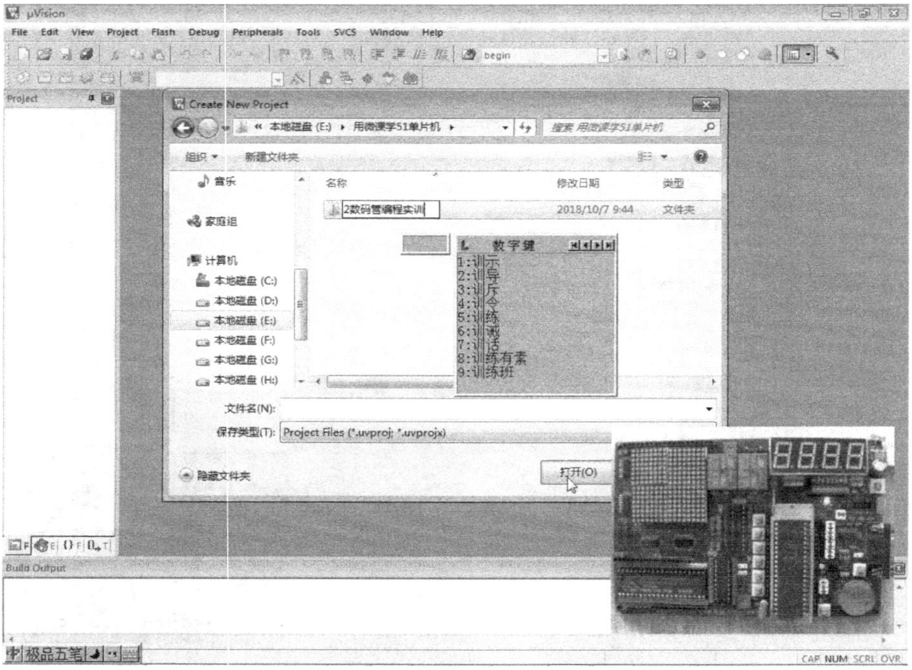

图 2-5 新建并打开“2 数码管编程实训”文件夹

打开后新建“1 点亮一位数码管”文件夹，再将其打开，如图 2-6 所示。

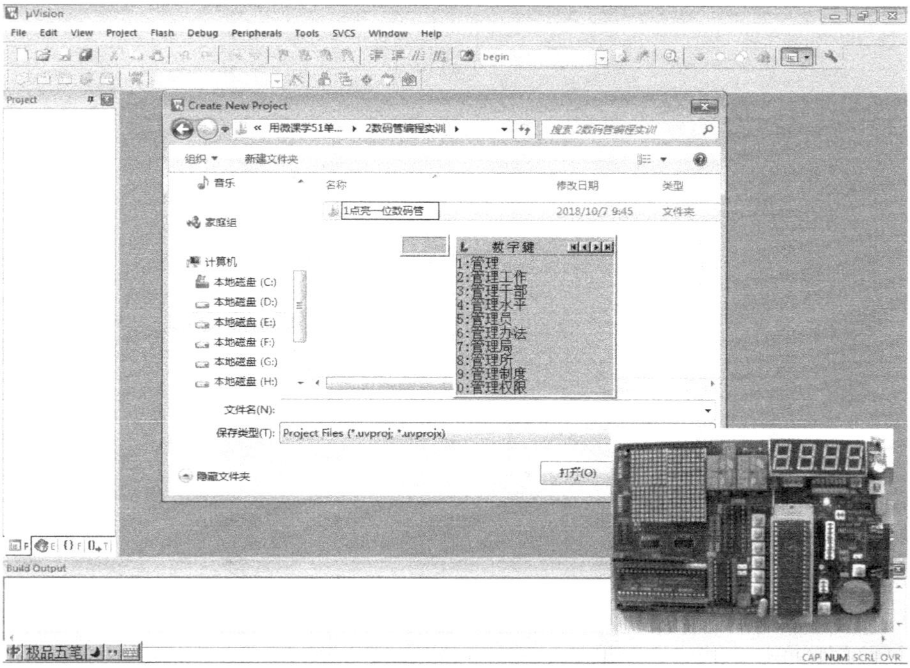

图 2-6　新建并打开“1 点亮一位数码管”文件夹

如图 2-7 所示，打开第三层文件夹后，在“文件名”文本框中输入“点亮一位数码管”并单击“保存”按钮。

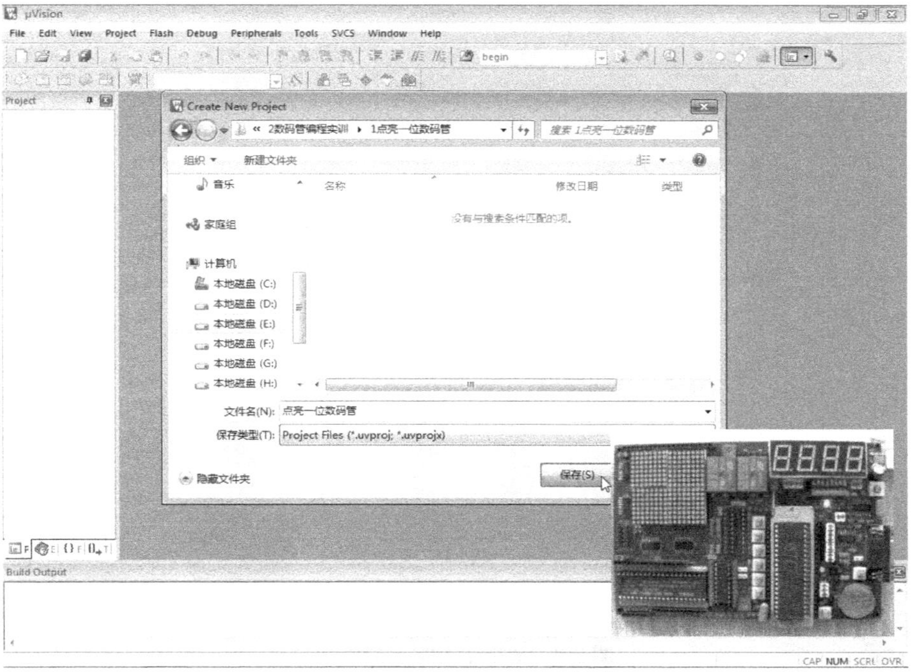

图 2-7　命名并保存“点亮一位数码管”文件

保存后系统弹出选择单片机型号对话框，先展开“Atmel”选项，如图 2-8 所示。

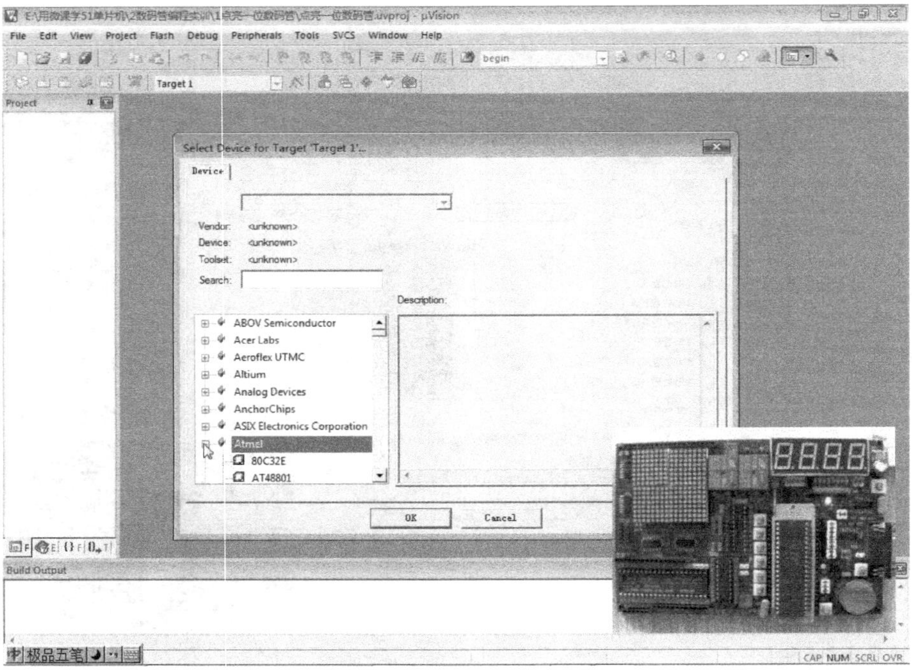

图 2-8　展开“Atmel”选项

展开“Atmel”选项后，选中“AT89C52”选项，然后单击“OK”按钮，如图 2-9 所示。

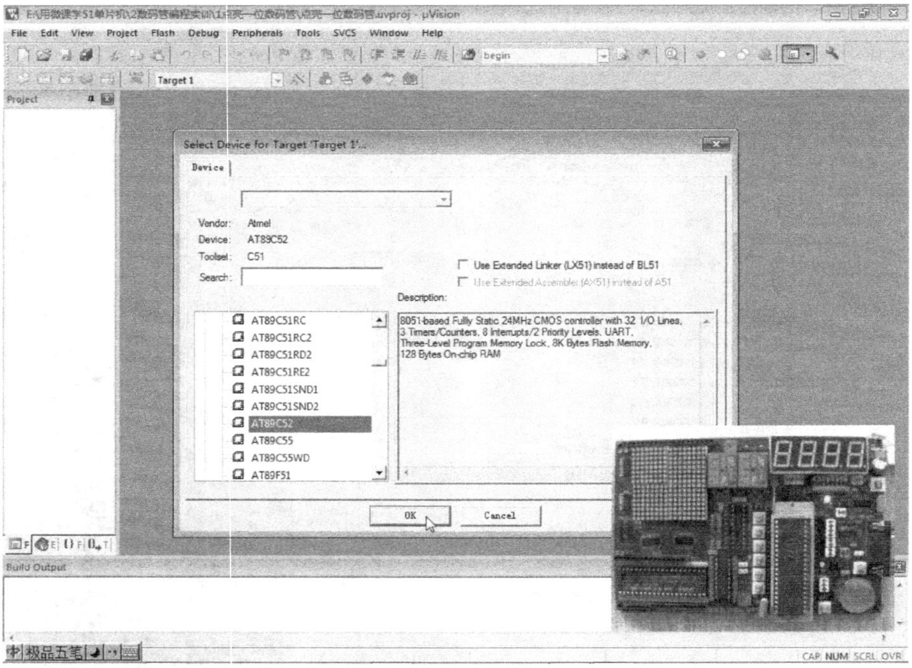

图 2-9　选中“AT89C52”选项

确定单片机型号后，如图 2-10 所示，系统询问是否添加代码到项目中，单击“否”按钮。

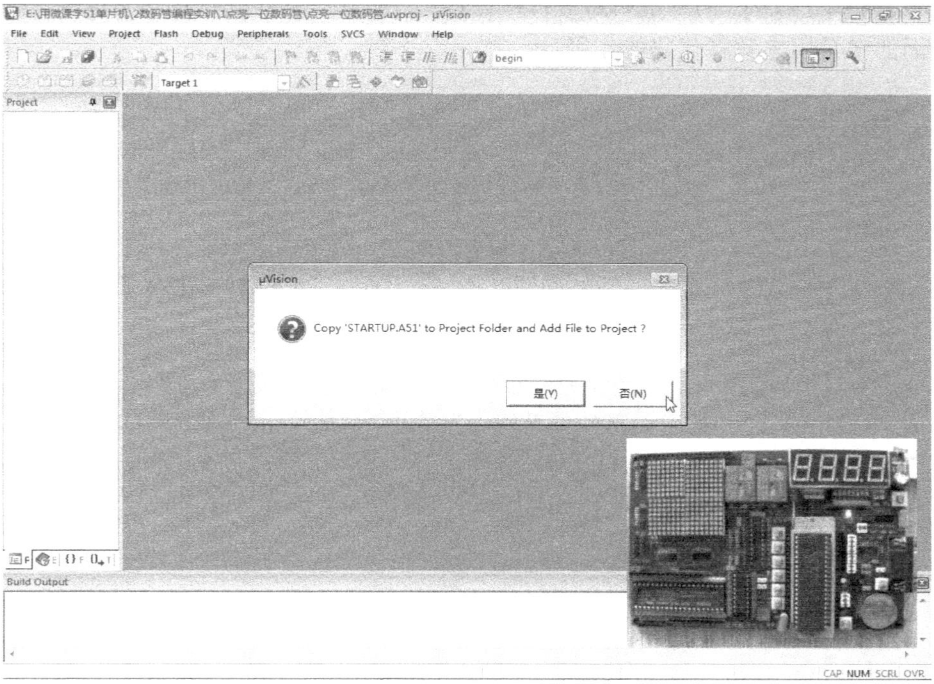

图 2-10　系统询问是否添加代码到项目中

接下来，如图 2-11 所示，单击菜单“File”→“New”选项。

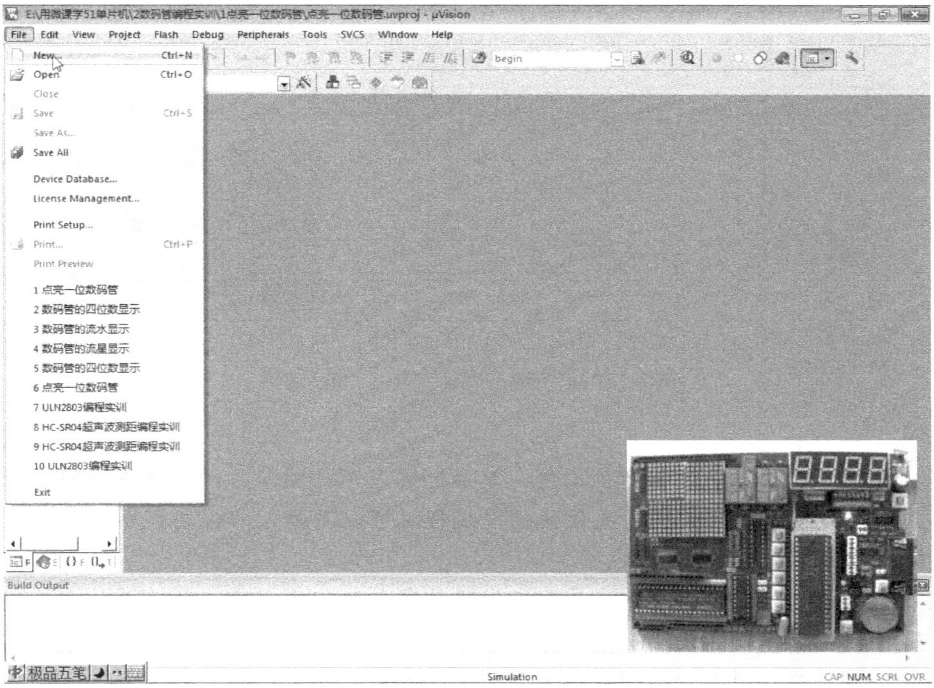

图 2-11　单击菜单“File”→“New”选项

系统给出默认文件名“Text1*”，如图 2-12 所示。在编辑区中输入下面的代码。第 1 行的“/*”和第 2 行的“*/”是一对多行注释符，“/*”与“*/”间可加文字说明。注意，双斜线后面的字符用来解释代码的作用。

```
/*  在这对多行注释符内，可添加
多行文字                          */
#include"reg52.h"       //“#”表示该行为预处理命令，“include”为文件包含命令，
                        //双引号中是被包含的文件名，文件中所有字符在此处形成代码并
                        //被编译
sbit qw=P2^0;           //“sbit”是定义I/O口引脚的关键字，定义后，“qw”就代表
                        //P2口的第0位，用代码既可设置它的高低电平，也可读出它的外
                        //接电平
main()                  //C语言中必有也仅有一个main()函数，C程序从主函数开始运行
{                       //main为函数名，函数名后的括号对为函数标记，下方的大括号内
  P0=0;                 //为函数体；“=”称为赋值号，其功能是把右边表达式的值赋给
  qw=0;                 //左边的变量；“;”为语句的结束标志；语句“P0=0;”把P0口
}                       //的8个引脚设定为低电平；语句“qw=0;”把P2口的0号引脚设定
                        //为低电平
```

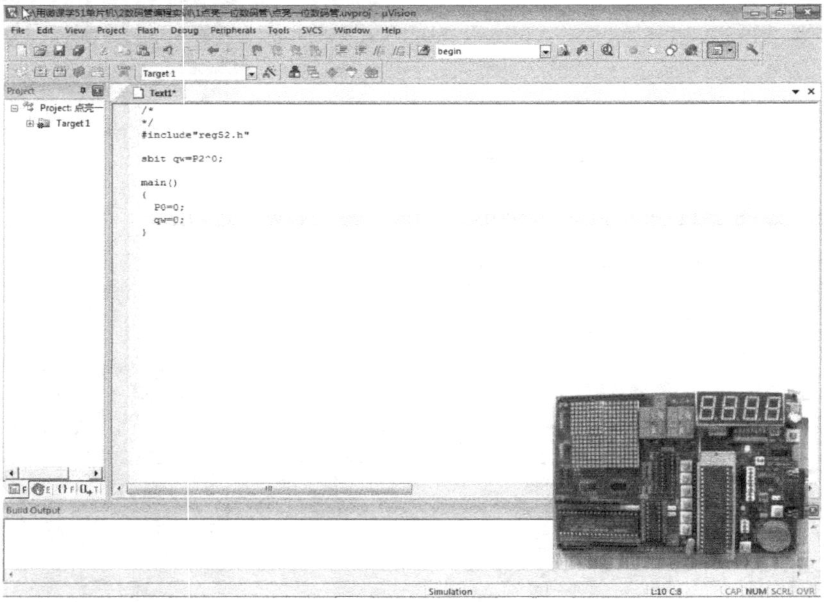

图 2-12　系统给出默认文件名“Text1*”

说明：

（1）双斜线是 C 语言的单行注释符，其后的文字不被编译，因此对程序的运行没有任何作用。这些文字是用来解释有关代码的，编程时可以不输入，但在程序中添加注释是一种好习惯，能提高程序的可读性。

（2）在图 2-12 所示的代码中，第 3 行代码是每个 Keil 程序都必须有的，它包含了很多关键代码。第 5 行代码定义 I/O 口引脚的位寻址变量。第 7～11 行定义主函数。第 7 行称为函数头，main 为函数名，函数名后必须是小括号对。第 8 行的“{”和第 11 行的“}”是函数体的定界符。C 语言中，大括号、中括号和小括号都必须成对使用。第 9 行是给 I/O 口变

量 P0 赋 0 值，让 P0 口的 8 个引脚都输出低电平，形成数码管发光的一个条件。第 10 行是给 I/O 口引脚变量 qw 赋 0 值，让 P2 的 0 号引脚输出低电平，形成数码管发光的另一个条件。还要说明的是，赋值号左边的标识符称为变量，变量必须先定义、后使用（赋值运算等），I/O 口变量 P0 是在文件“reg52.h”中定义的，I/O 口引脚变量 qw 是在第 5 行定义的。

该 Keil 程序的代码输入完成后，如图 2-13 所示，单击菜单“File”→“Save”选项。

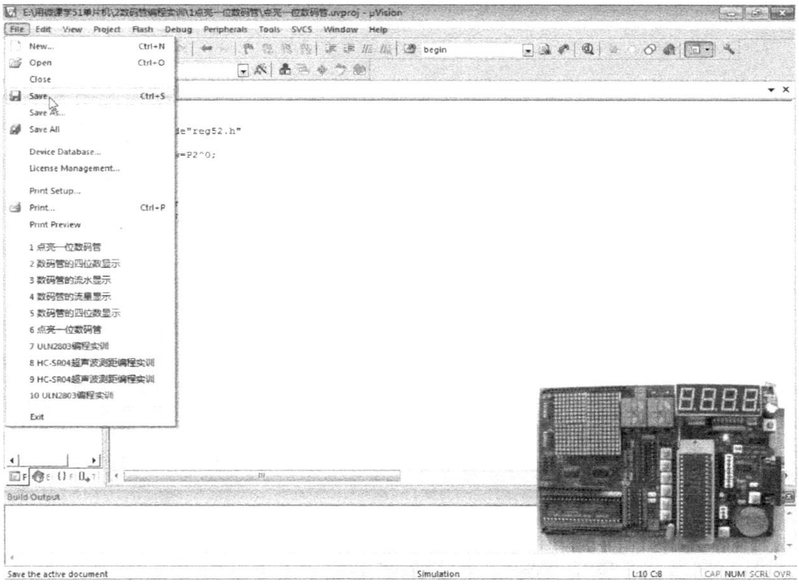

图 2-13　单击菜单“File”→“Save”选项

系统弹出保存对话框，如图 2-14 所示，保存这个文件。注意，这是 C 程序文本文件，其扩展名必须为“.c”。

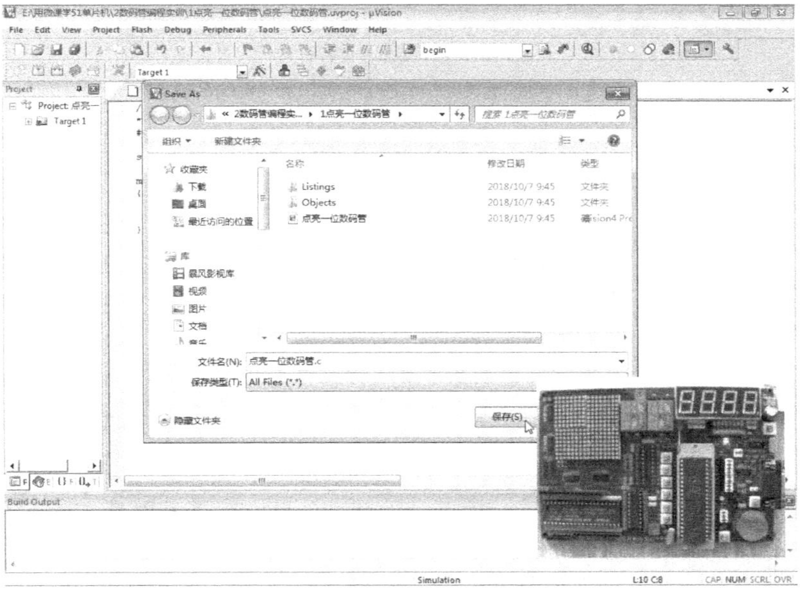

图 2-14　保存对话框

接下来，如图 2-15 所示，展开“Target 1”选项后右击“Source Group1”选项，在右键菜单中选择添加现有文件到源组中。

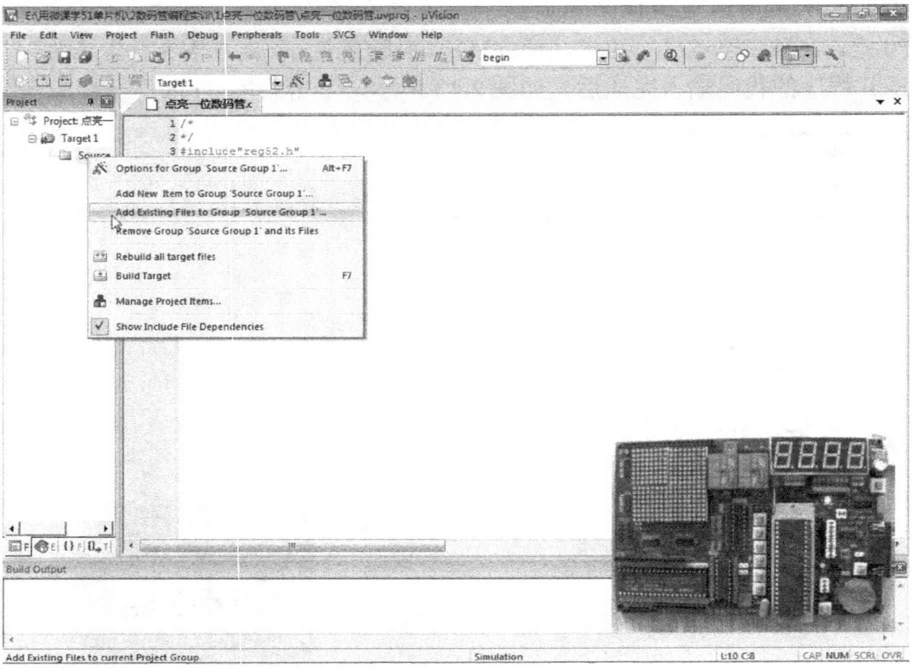

图 2-15 展开“Target 1”选项后右击“Source Group1”选项

如图 2-16 所示，系统弹出添加对话框，将前面保存的 C 程序添加到源组中。

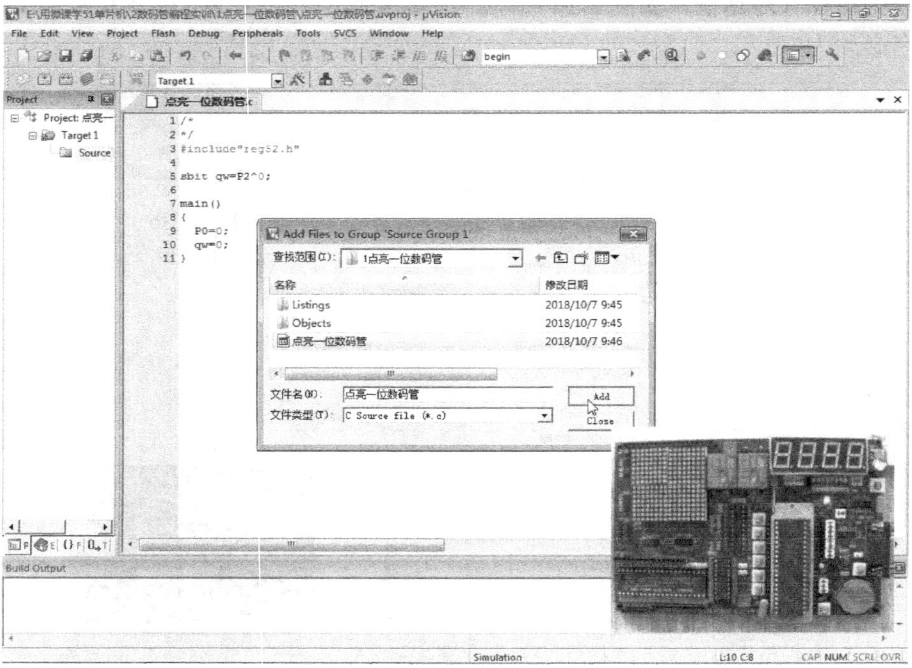

图 2-16 系统弹出添加对话框

接下来，如图 2-17 所示，单击工具栏上的目标选择图标。

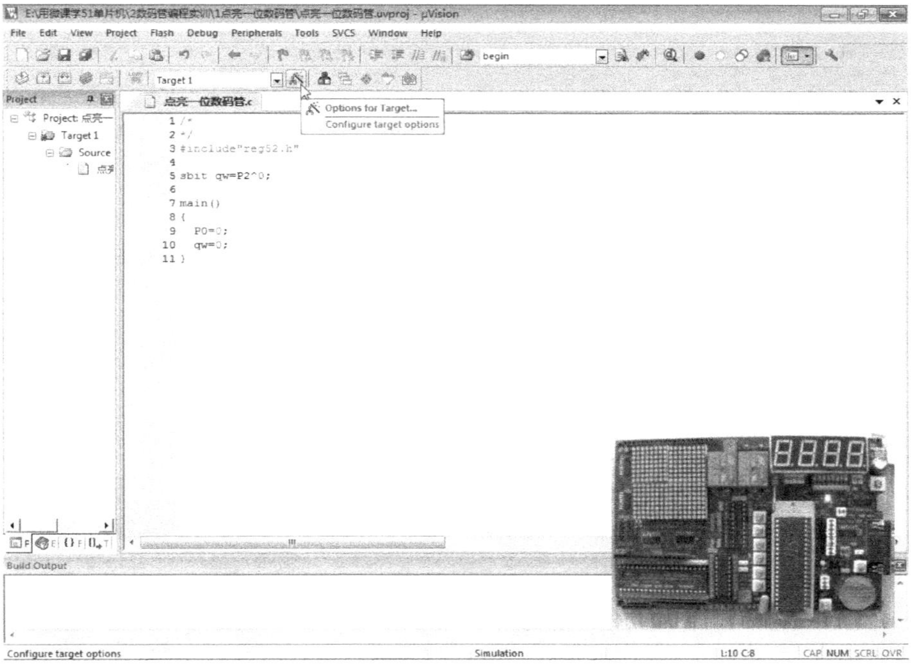

图 2-17　单击工具栏上的目标选择图标

如图 2-18 所示，先单击“Output”选项卡，然后单击“Select Folder for Objects”按钮，在弹出的对话框中单击图标，再单击“OK”按钮，完成输出位置的确定。

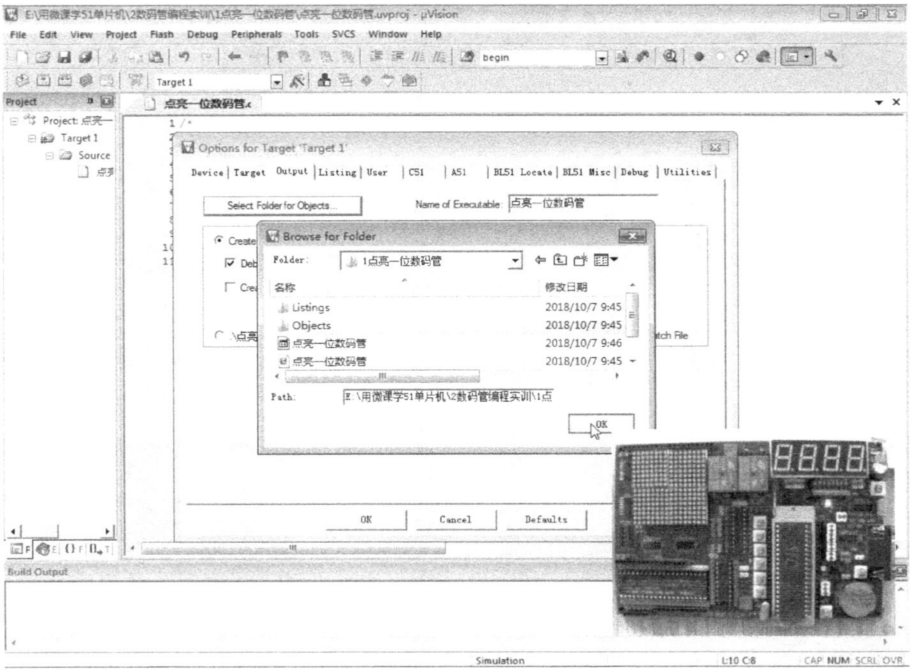

图 2-18　确定输出位置

如图 2-19 所示，在“Output”选项卡中勾选“Create HEX File”选项，单击“OK”按钮。

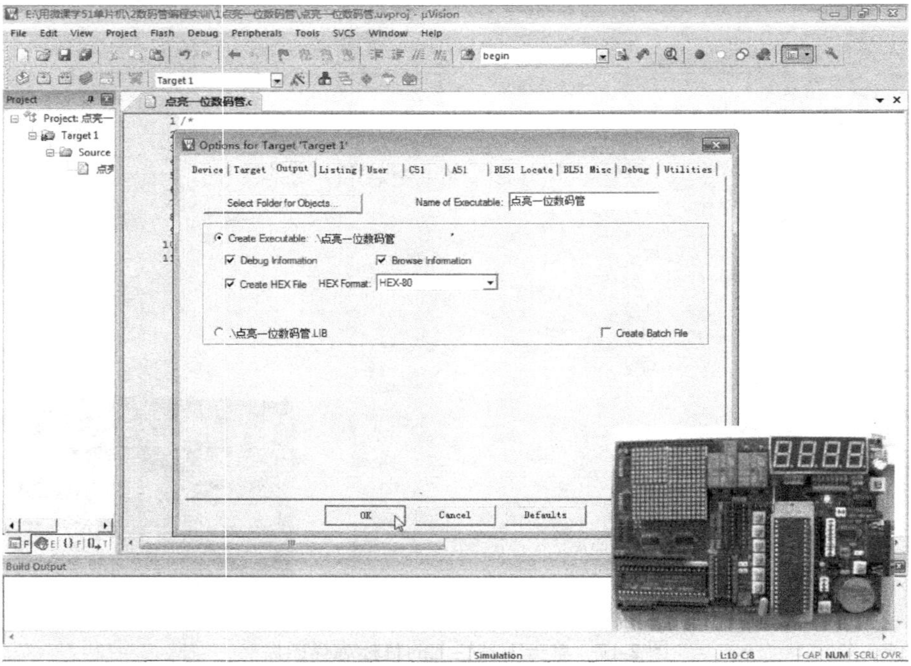

图 2-19　在“Output”选项卡中勾选“Create HEX File”选项

接下来，如图 2-20 所示，单击菜单“File”→“Save All”选项。

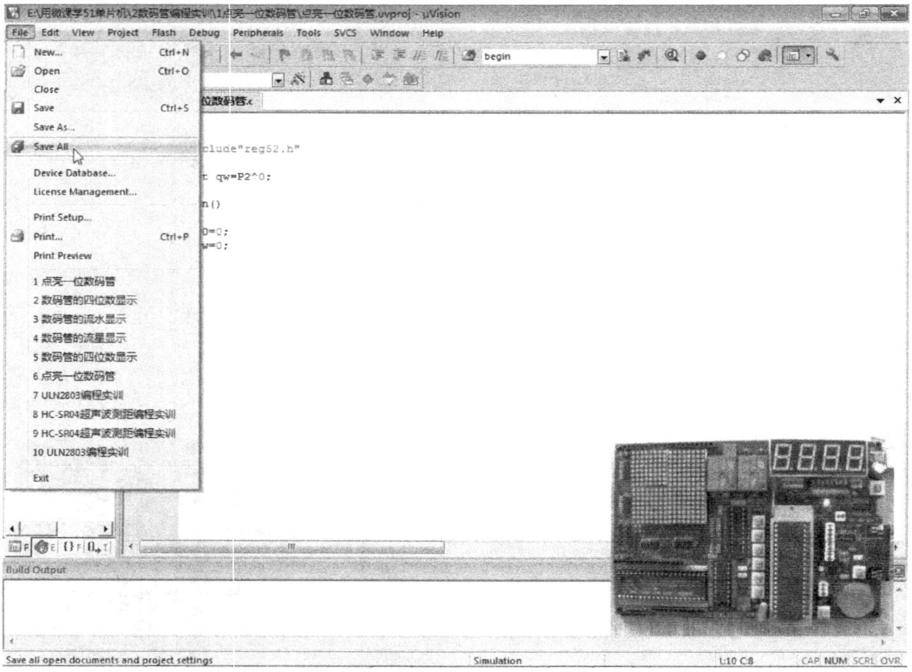

图 2-20　单击菜单“File”→“Save All”选项

如图 2-21 所示，单击工具栏上的编译链接工具。

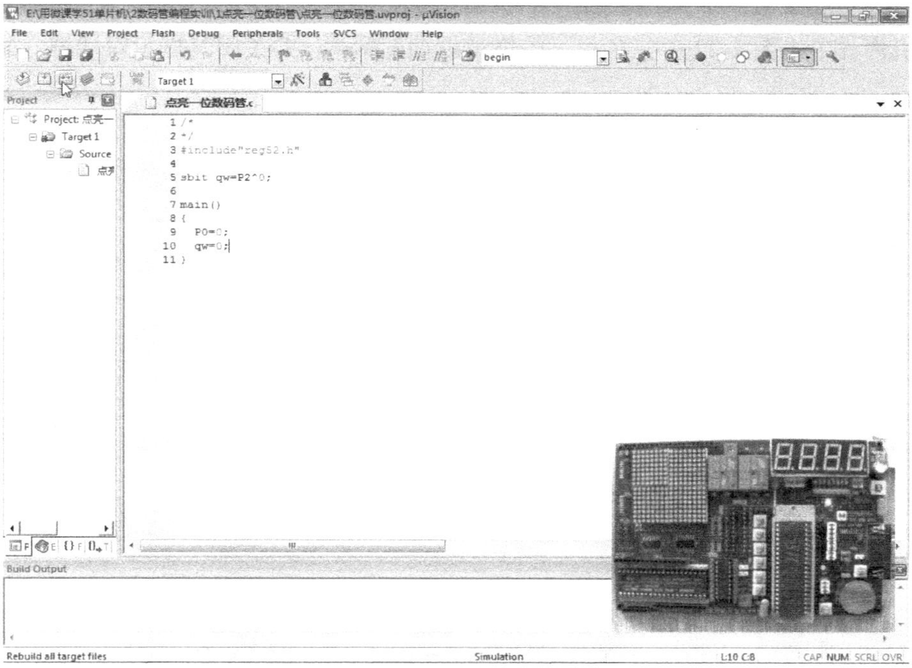

图 2-21　单击工具栏上的编译链接工具

系统执行编译链接工作并生成 HEX 文件，输出信息如图 2-22 所示。

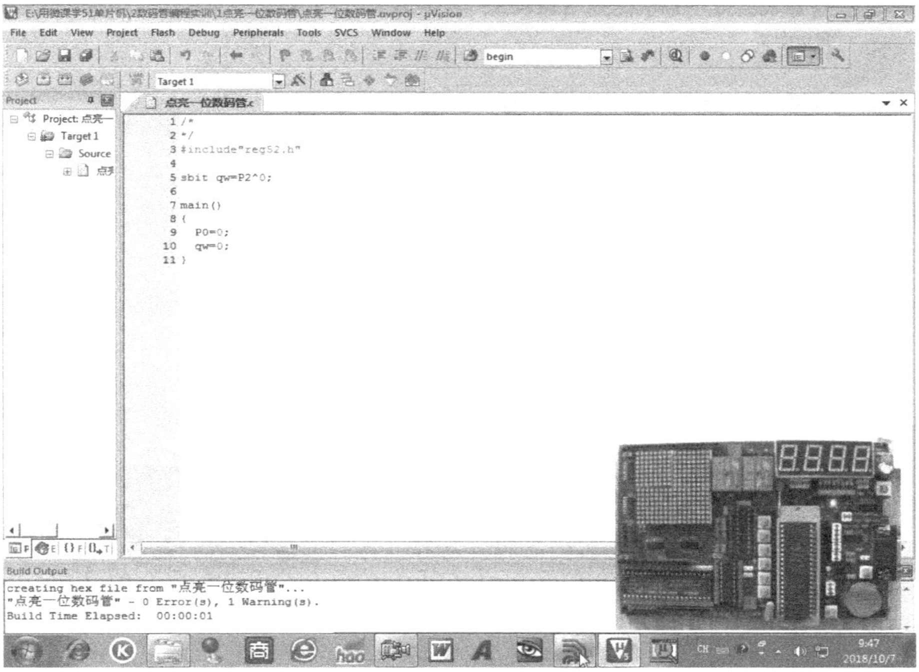

图 2-22　编译链接的输出信息

从编译链接的输出信息可知，没有错误，有一个警告。只要没有错误，程序就能正确运行，对这个警告暂不处理，下面用 STC 官方的烧录软件，把这个项目的 HEX 文件下载到单片机内。单击图 2-22 中任务栏上的烧录软件图标，并关闭其提示对话框，如图 2-23 所示。

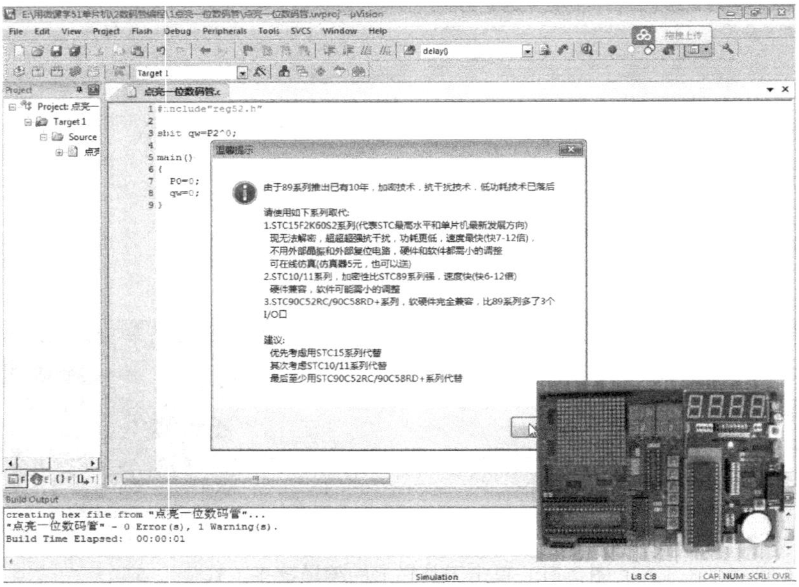

图 2-23　关闭提示对话框

关闭提示对话框后，就可看到 STC-ISP 烧录软件的主界面，如图 2-24 所示。单击“打开程序文件”按钮。

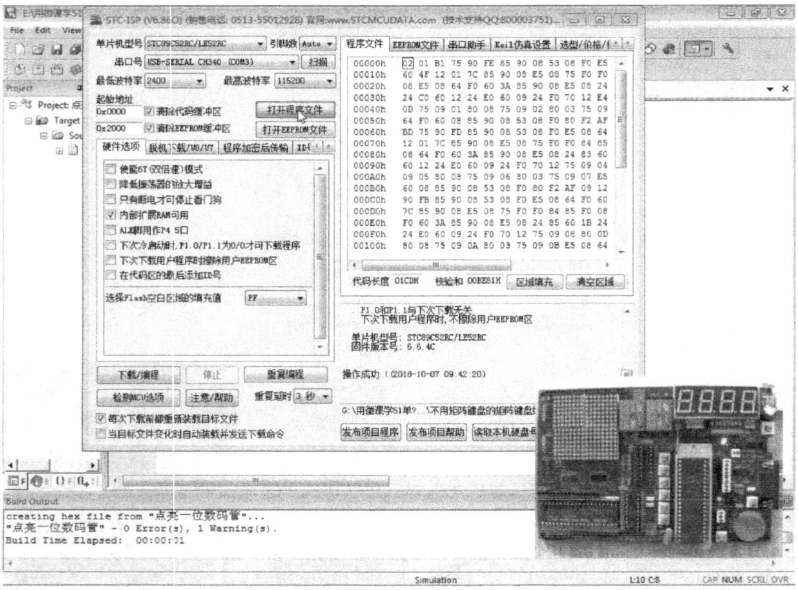

图 2-24　STC-ISP 烧录软件的主界面

系统弹出“打开程序代码文件”对话框，如图 2-25 所示。在该对话框中，先打开“计算机”，再打开 E 盘，然后依次打开“用微课学 51 单片机”→“2 数码管编程实训”→“1 点亮一位数码管”文件夹，再选取“点亮一位数码管.hex”文件。

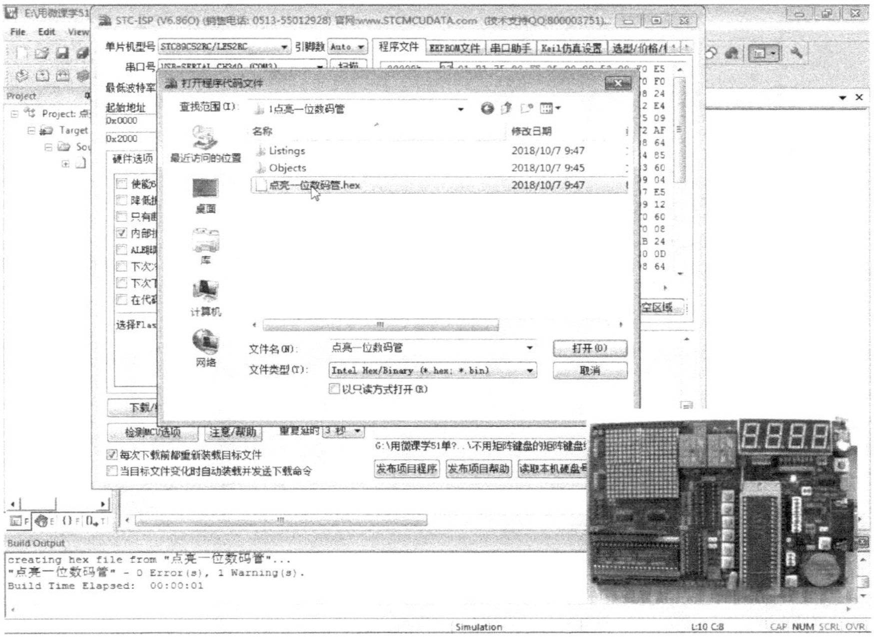

图 2-25　“打开程序代码文件”对话框

打开文件后，如图 2-26 所示，单击“下载/编程”按钮。

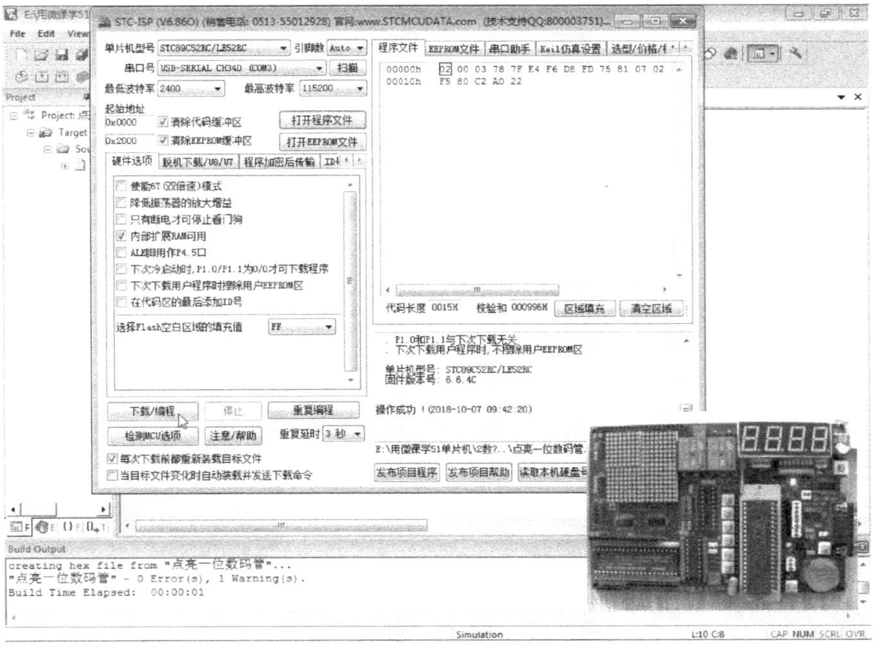

图 2-26　单击“下载/编程”按钮

系统进入下载检测状态，如图 2-27 所示。

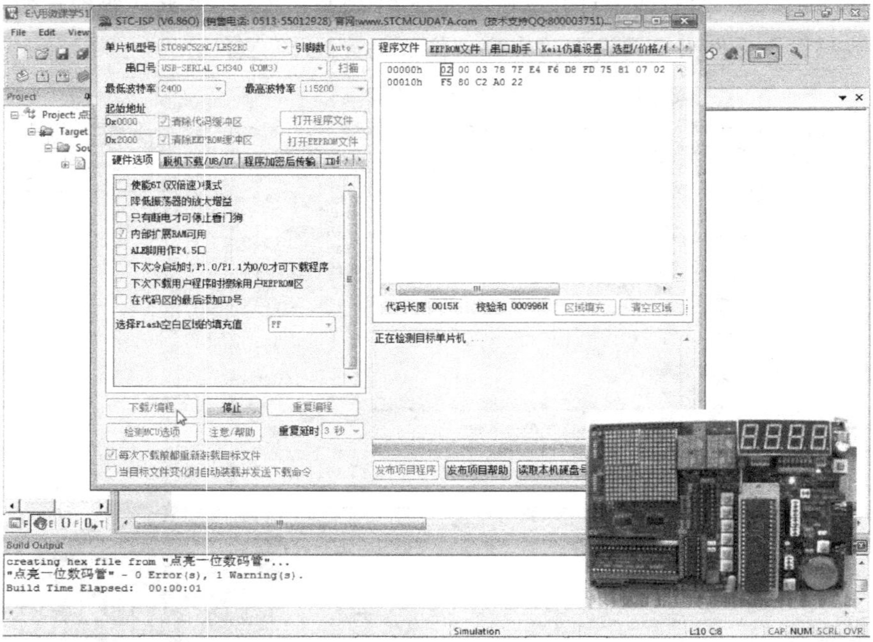

图 2-27　系统进入下载检测状态

检测时，须先断电源再通电，HEX 文件才能被下载到单片机内（下载后蓝灯熄灭），并自动运行，如图 2-28 所示。

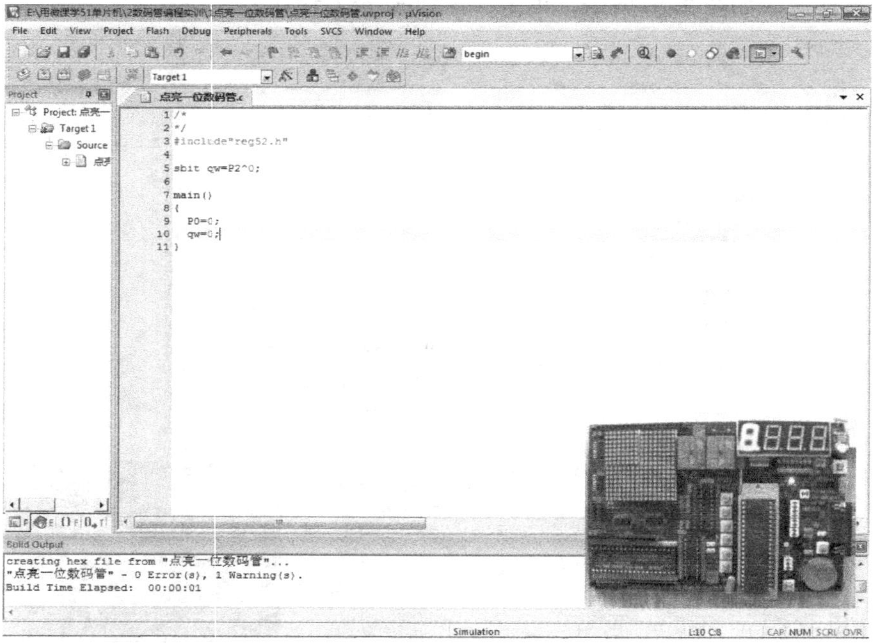

图 2-28　下载并运行 HEX 文件

至此，点亮一位数码管的编程实训完成了。

任务 2　数码管的流水显示

在 E 盘上依次打开“用微课学 51 单片机”→“2 数码管编程实训”→“1 点亮一位数码管”文件夹，然后双击图标为的项目文件，如图 2-29 所示。

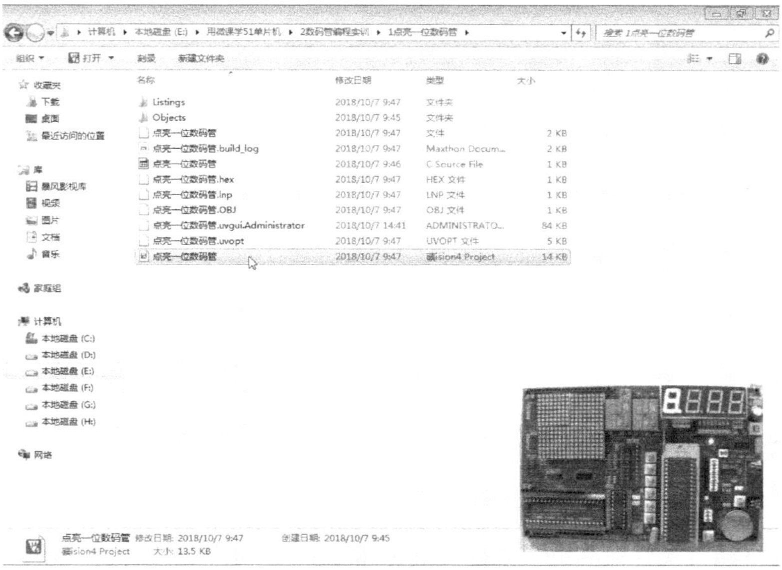

图 2-29　双击图标为的项目文件

在 Keil 编程环境中，单击“Project”→“New μVision Project”菜单项，如图 2-30 所示。

图 2-30　单击“Project”→“New μVision Project”菜单项

如图 2-31 所示，在系统弹出的创建新项目对话框中，依次打开 E 盘→“用微课学 51 单片机”→“2 数码管编程实训”文件夹，然后单击“新建文件夹”按钮，将文件夹命名为“2 数码管的流水显示”并打开。

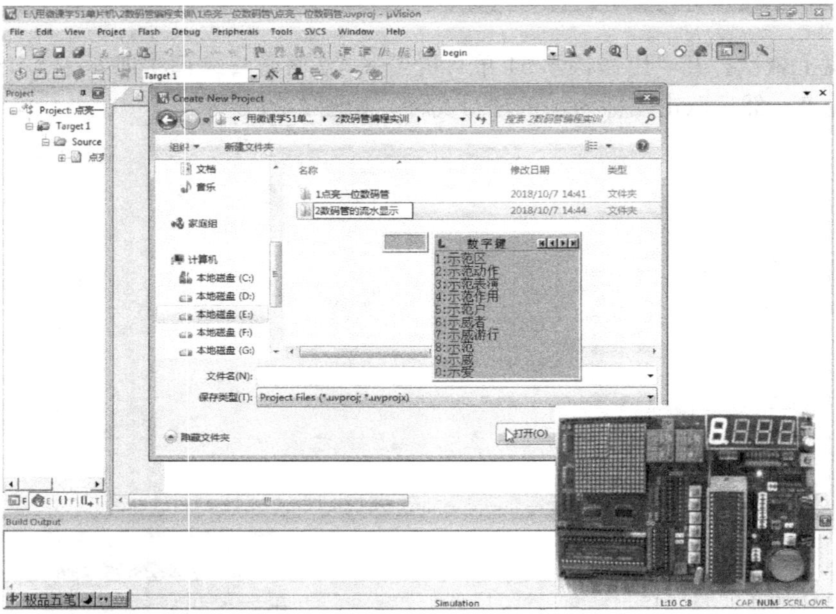

图 2-31　新建并打开“2 数码管的流水显示”文件夹

打开后，将项目文件命名为“数码管的流水显示”，并单击“保存”按钮。然后参照前面任务的步骤，选择“AT89C52”选项，再新建文件，输入如图 2-32 所示的代码。

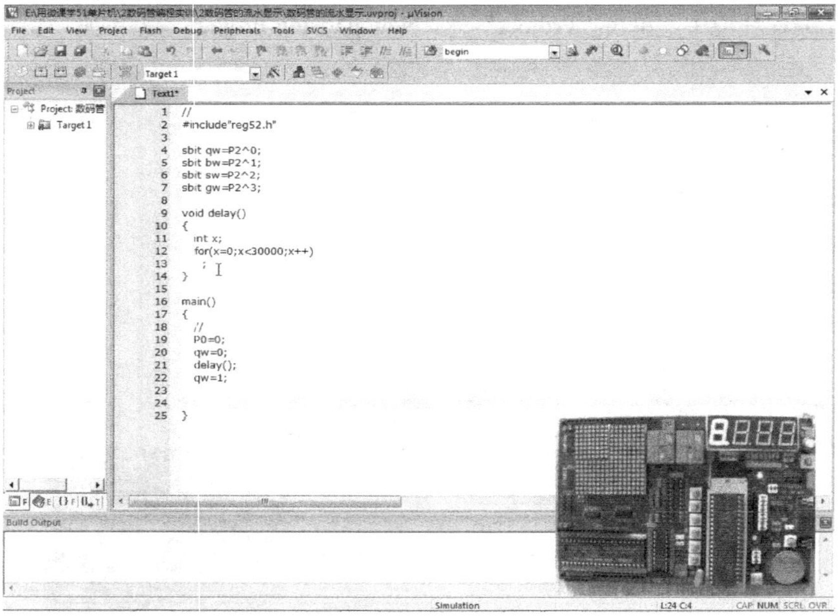

图 2-32　输入代码

接下来，将第 18～22 行代码复制，并在第 24 行进行粘贴，粘贴后向下隔一空行再进行两次粘贴，然后把第一次粘贴所得代码中的两个“qw”改为“bw”，把第二次粘贴所得代码中的两个“qw”改为“sw”，把第三次粘贴所得代码中的两个“qw”改为“gw”，就完成了全部代码输入。将程序编译链接并下载到单片机上运行，结果如图 2-33 所示。

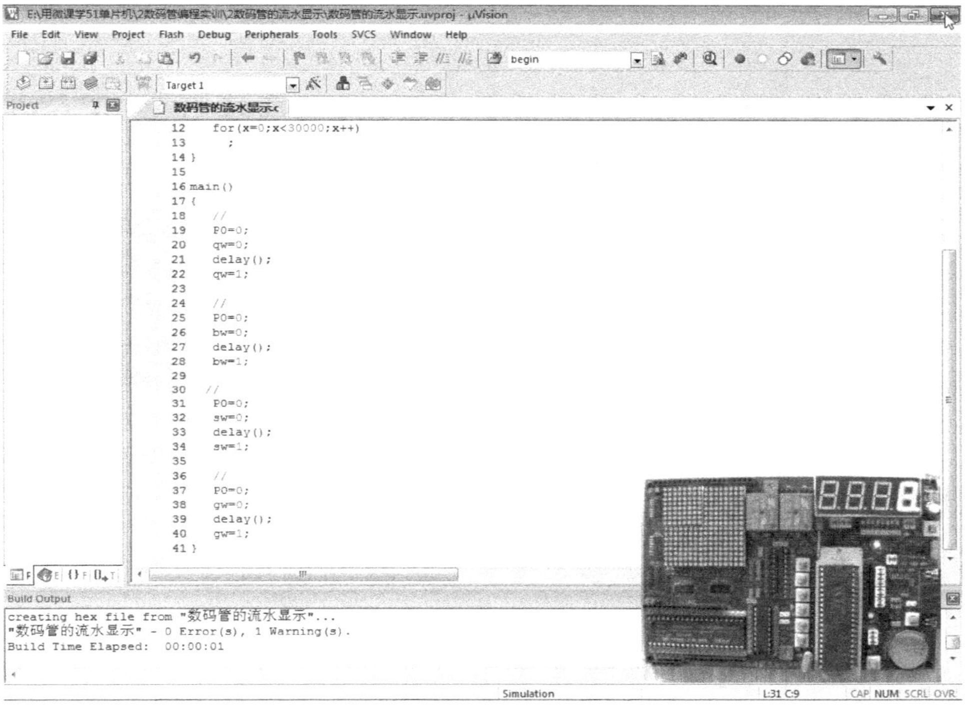

图 2-33　数码管流水显示的 C 程序运行结果

任务 3　数码管的流星显示

前述数码管的流水显示是指四位数码管按位依次从左到右显示并无限循环。数码管的流星显示是指数码管以笔段为单位，沿外圈在矩形边上依序流动显示并无限循环。显然，流水显示是 4 步一循环，流星显示是 12 步一循环。

双击“数码管的流水显示”项目文件启动 Keil 软件，复制当前项目的 C 程序代码，如图 2-34 所示。

参照前面任务的步骤，新建“数码管的流星显示”项目，如图 2-35 所示。

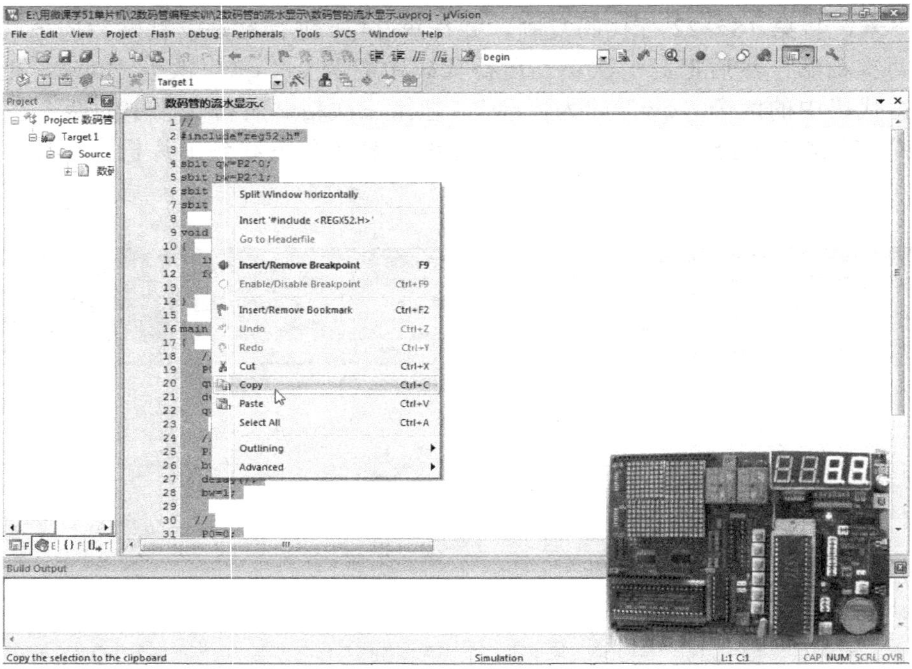

图 2-34　复制“数码管的流水显示”项目的 C 程序代码

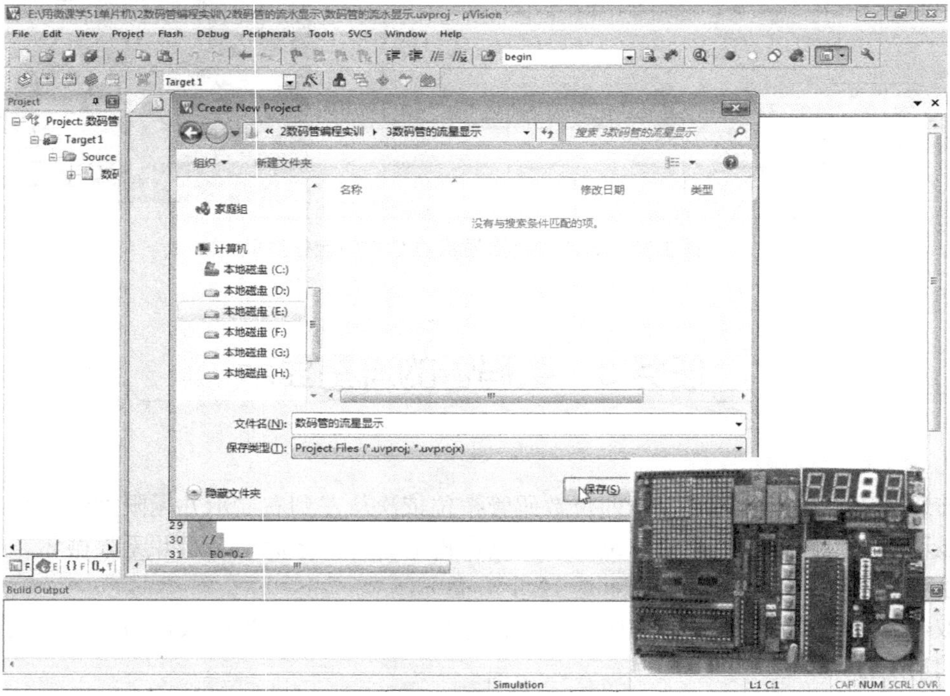

图 2-35　新建“数码管的流星显示”项目

接下来，如图 2-36 所示，将“数码管的流水显示”项目的 C 程序代码粘贴到新建文件中。

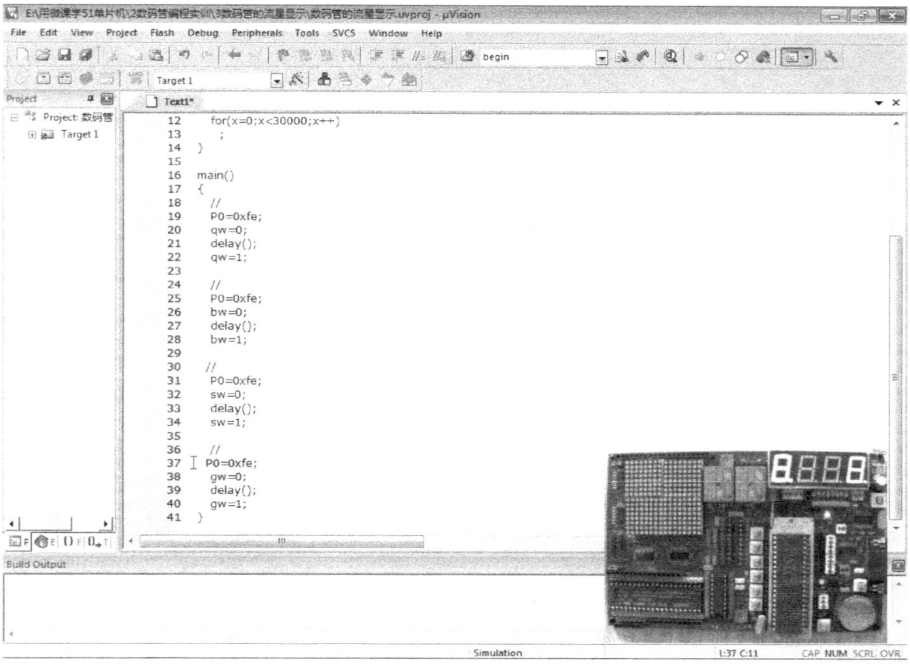

图 2-36　“数码管的将流水显示”项目的 C 程序代码粘贴到新建文件中

先将 main()函数代码稍作修改，形成前 4 步的显示代码，即依次显示各位上的 a 笔段，然后将第 37～40 行代码复制，向下粘贴三次并修改，如图 2-37 所示。

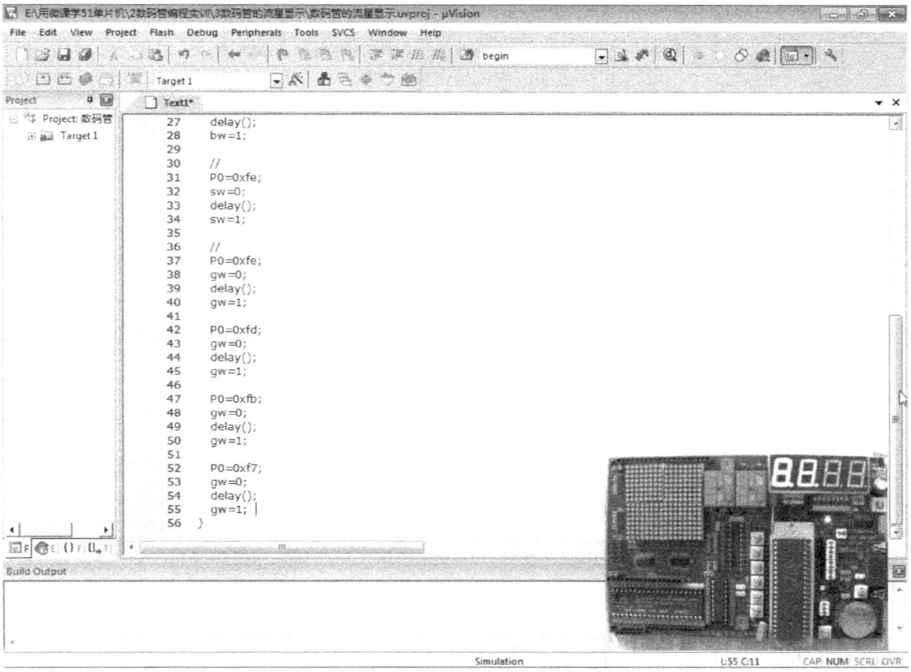

图 2-37　修改代码

如图 2-38 所示，用粘贴加修改的方法，完成最后 5 步显示代码的输入。

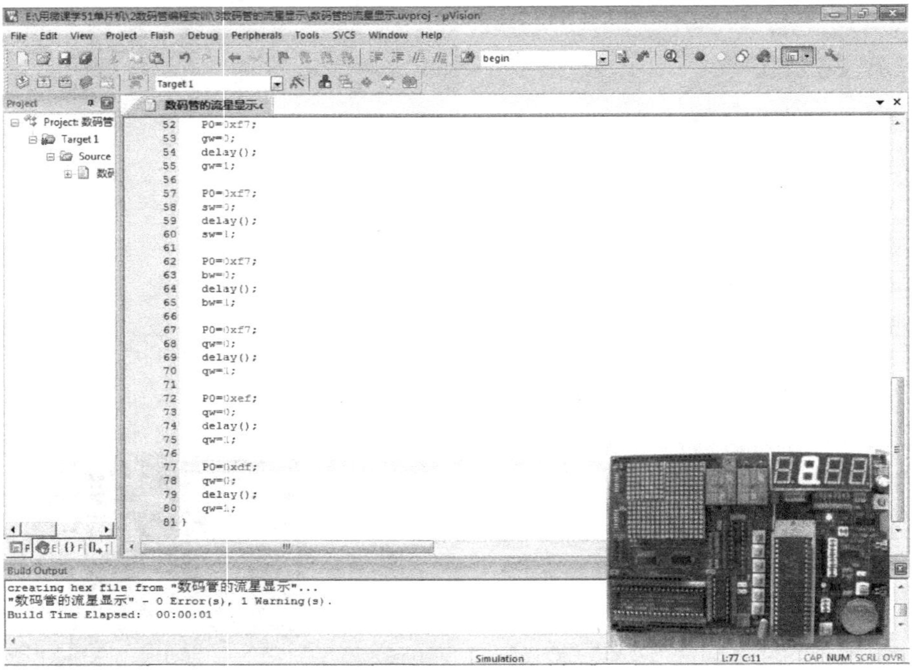

图 2-38 完成最后 5 步显示代码的输入

将代码文件保存为.c 格式文件，然后添加到项目中，设置输出路径，编译链接后下载到单片机上运行，其结果如图 2-39 所示。

图 2-39 数码管流星显示的程序运行结果

至此，就完成了数码管的流星显示编程实训。

任务 4　数码管的四位数显示

打开“数码管的流水显示”项目，复制该项目的 C 程序代码，如图 2-40 所示。

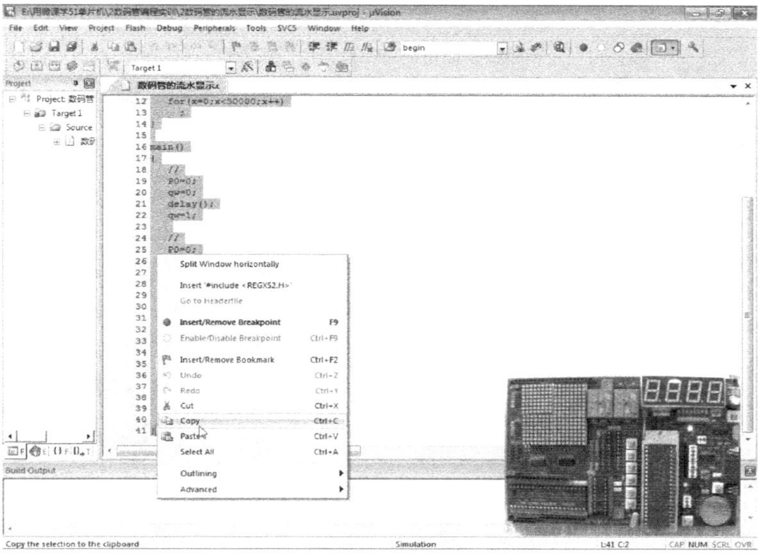

图 2-40　复制“数码管的流水显示”项目的 C 程序代码

接下来，在 Keil 编程环境中，新建“4 数码管的四位数显示”文件夹和项目文件“数码管的四位数显示”，如图 2-41 所示。

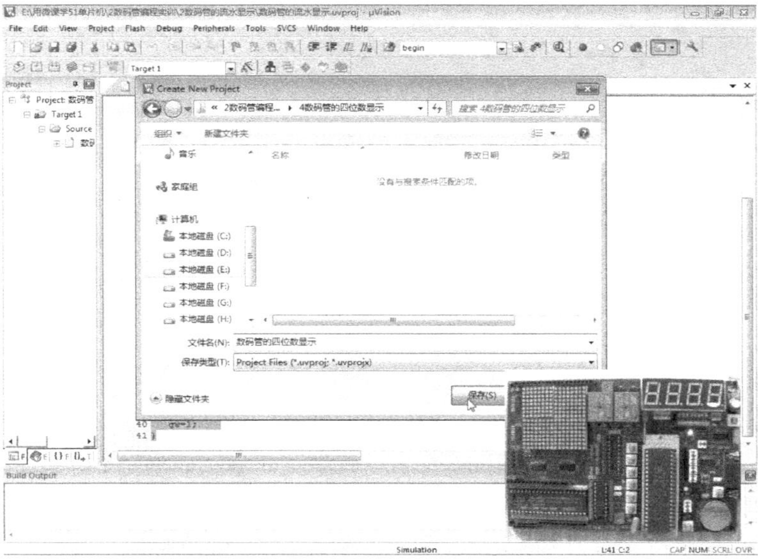

图 2-41　新建“4 数码管的四位数显示”文件夹和项目文件“数码管的四位数显示”

按前面任务的步骤选定单片机型号，然后新建文件并粘贴流水显示程序的代码。如图 2-42 所示，先增加“uchar”宏定义（第 3 行），再将延时函数 delay()中的循环条件“<30000”改为“<250”，把主函数 main()头部改成第 17 行的形式，然后在函数体中增加第 19、20 行代码，接下来增加第 23 行代码，并对第 24 行中 P0 的赋值加以修改，然后将第 23、24 行代码复制，用来替换后面代码中的三个“P0=0;”语句。

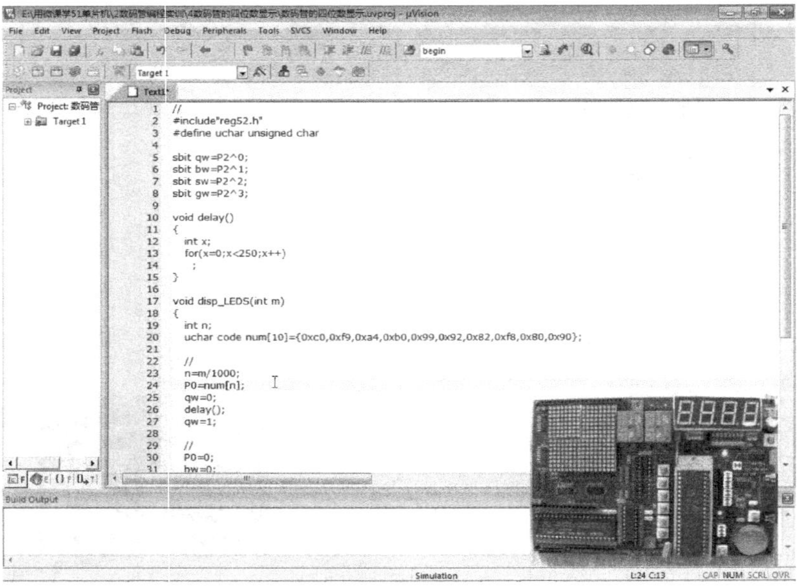

图 2-42　代码的修改 1

三个“P0=0;”语句被替换后，如图 2-43 所示，要进行取四位数的百位、十位、个位数的赋值修改（依次为第 30、37、44 行）。

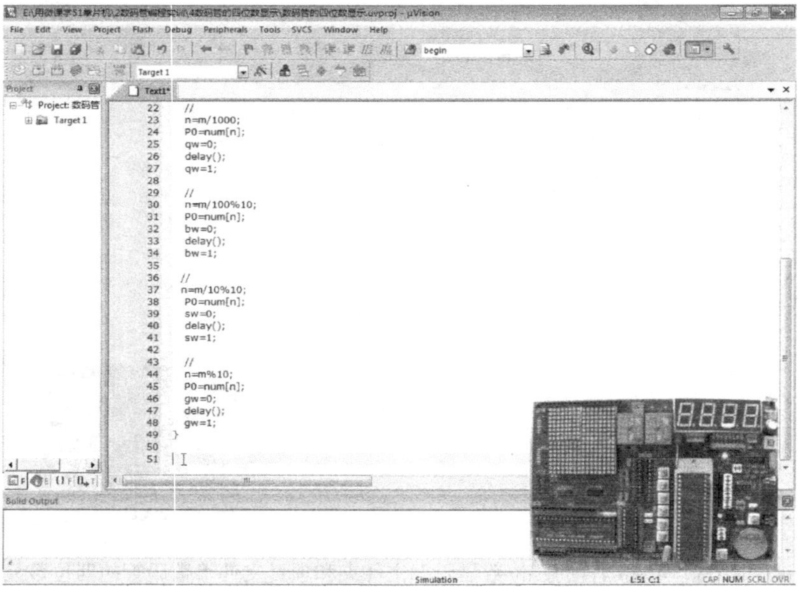

图 2-43　代码的修改 2

接下来，新增主函数 main()的函数定义。然后，按前面讲述的步骤，将代码文件保存为.c 格式文件，添加到项目中，设置输出路径，编译链接后下载到单片机上运行，其结果如图 2-44 所示。

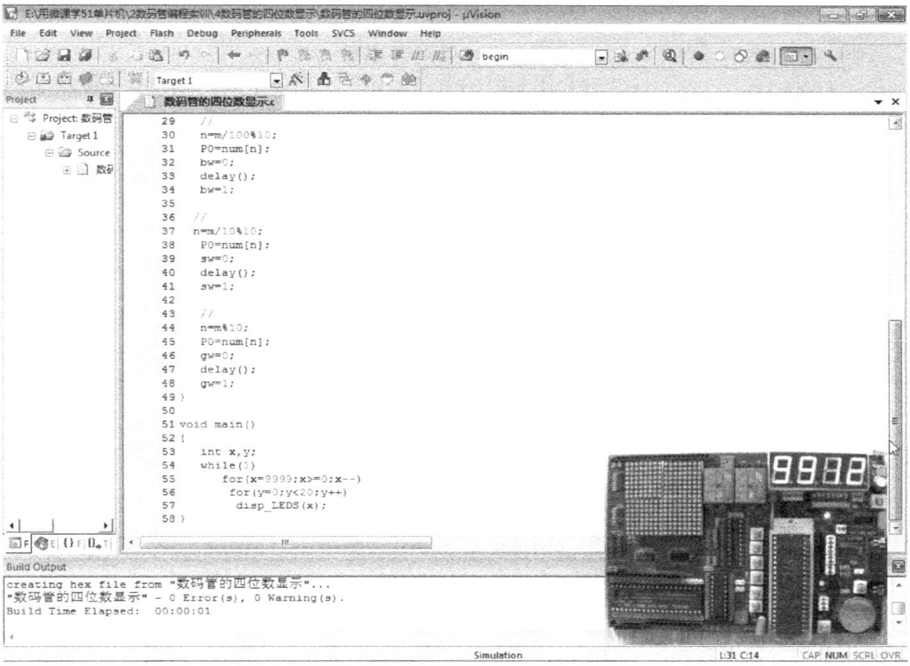

图 2-44　代码运行结果

至此，就完成了数码管的四位数显示编程实训。

下面给出数码管的四位数显示程序源代码。

```
//数码管的四位数显示程序源代码
#include"reg52.h"                //包含头文件“reg52.h”的预处理命令
#define uchar unsigned char  //宏定义uchar的预处理命令

sbit qw=P2^0;          //定义位寻址变量qw，qw绑定P2.0 I/O引脚
sbit bw=P2^1;          //定义位寻址变量bw，bw绑定P2.1 I/O引脚
sbit sw=P2^2;          //定义位寻址变量sw，sw绑定P2.2 I/O引脚
sbit gw=P2^3;          //定义位寻址变量gw，gw绑定P2.3 I/O引脚

void delay()           //定义延时函数，“void”表示没有返回值，小括号为空，表
{                      //示没有形式参数
   int x;              //定义整型变量
   for(x=0;x<250;x++)//定义循环语句，循环250次，循环体就是一个分号
     ;                 //单独的一个分号称为空语句（什么都没有做）
}

void disp_LEDS(int m)//定义无返回值的数码管显示函数，形参为显示值
{
   int n;              //下面定义的是无符号字节型数组num，用于存放10个数码的笔段码
```

```
    uchar code num[10]={0xc0,0xf9,0xa4,0xb0,0x99,0x92,0x82,0xf8,0x80,0x90};

    //处理千位上的数码显示
    n=m/1000;              //获取千位上的数码
    P0=num[n];             //从数组中提取对应的笔段码
    qw=0;                  //接通千位上的显示电路
    delay();               //调用延时函数，让该位上的显示时间适合于人眼观看
    qw=1;                  //关断千位上的显示电路

    //处理百位上的数码显示
    n=m/100%10;            //获取百位上的数码
    P0=num[n];             //从数组中提取对应的笔段码
    bw=0;                  //接通百位上的显示
    delay();               //调用延时函数，让该位上的显示时间适合于人眼观看
    bw=1;                  //关断百位上的显示

    //处理十位上的数码显示
    n=m/10%10;             //获取十位上的数码
    P0=num[n];             //从数组中提取对应的笔段码
    sw=0;                  //接通十位上的显示
    delay();               //调用延时函数，让该位上的显示时间适合于人眼观看
    sw=1;                  //关断十位上的显示

    //处理个位上的数码显示
    n=m%10;                //获取个位上的数码
    P0=num[n];             //从数组中提取对应的笔段码
    gw=0;                  //接通个位上的显示
    delay();               //调用延时函数，让该位上的显示时间适合于人眼观看
    gw=1;                  //关断个位上的显示
}

void main()                          //定义主函数
{
    int x,y;                         //定义整型变量
    while(1)                         //外层为while循环，循环条件永远为真
      for(x=9999;x>=0;x--)           //中层为for循环，循环次数为10000
      for(y=0;y<20;y++)              //内层为for循环，循环次数为20
          disp_LEDS(x);              //内层循环的循环体，调用数码管显示函数显示x的值
}
```

项目小结

本项目详细介绍了数码管编程的 4 个实训任务，为后面的实训打下了坚实基础。本项目须掌握的重要内容如下。

（1）在 Keil 编程环境中，单片机编程是以项目（Project）来组织的。首先，应为每个项目新建专用文件夹。其次，每个项目都有一个项目文件（扩展名为“.uvproj”）来对整个项目进行管理，这个项目文件由系统创建，由编程者命名，其内容由 Keil 系统设定，编程者无须关心。项目文件命名和保存后，须先进行单片机型号的选择，再新建源程序文件；然后编写和保存源程序文件（扩展名为“.c”），并把源程序文件添加到项目中；最后设置项目的输出路径，进行项目程序的编译链接。

（2）要掌握用 STC 烧录软件将项目的 HEX 文件下载到单片机上运行的步骤和方法。

（3）图 2-45 是本书所用数码管模块的电路原理图，由该图可知点亮数码管笔段的条件：

① 正极回路的 PNP 管导通；

② 负极对应的 P0.? 引脚为低电平。

这两个条件缺一不可。

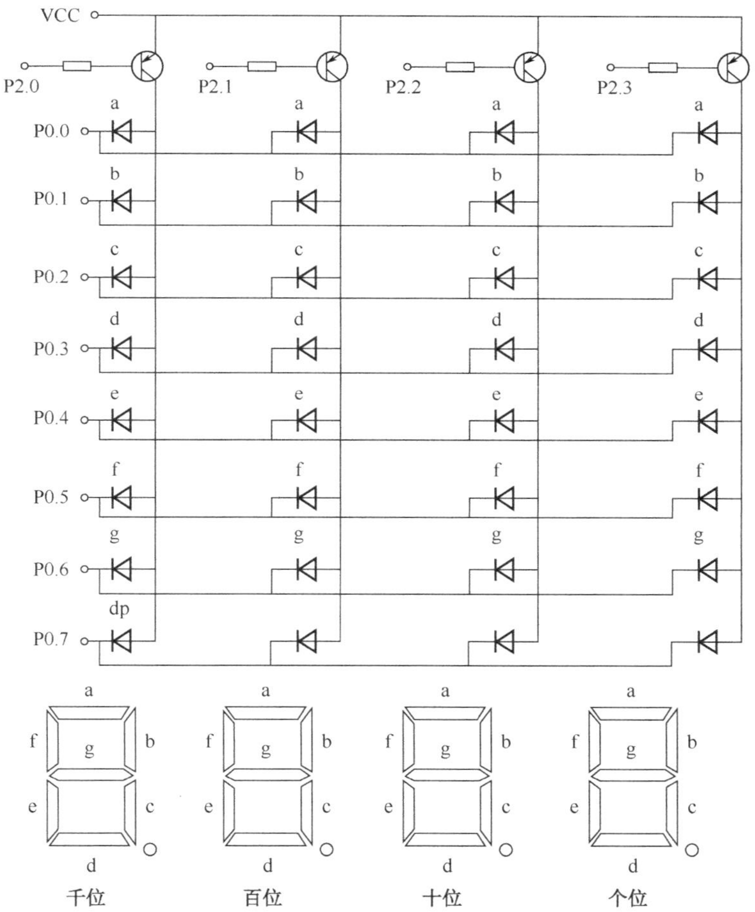

图 2-45　本书所用数码管模块的电路原理图

（4）图 2-46 是数码管模块的 CAD 原理图。本书所用 51 单片机最小系统与数码管模块的电路连接要点：P0 口的 8 号引脚用短接头直接与数码管的笔段驱动极（负极）相连，P2 口的低四位电极也用短接头直接驱动 PNP 管导通，从而给发光管正极加电。

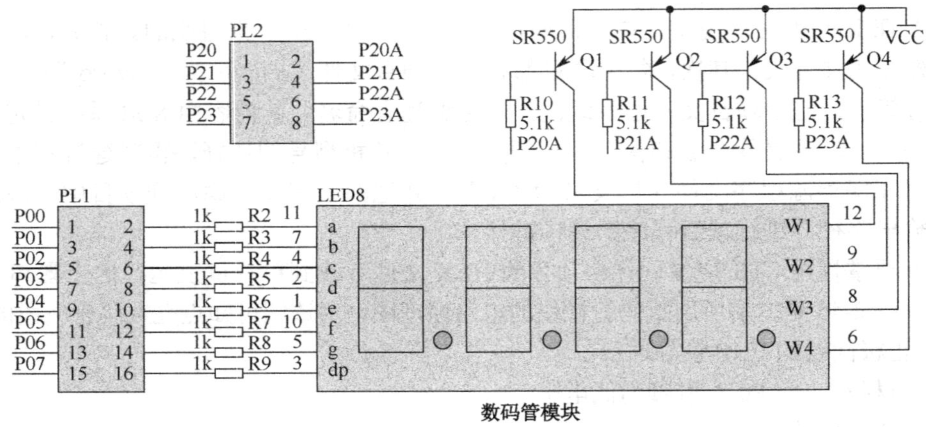

图 2-46 数码管模块的CAD原理图

（5）delay()函数的定义和调用是本项目的重点，它的功能就是用 for 循环占用一定的时间。

（6）for 语句的执行流程是本项目的难点，它的作用就是重复执行某段代码（这段代码可以是空语句），其重复次数由小括号中的三个表达式决定。

3

项目三

单片机中断系统的编程实训

任务1　外中断INT1的编程实训

实训程序效果：

实训程序正常运行时，显示9999～0000的倒计数，按下开关S2（STC89C52第13脚对地按钮），程序就中断倒计数的显示，进入0000～0015的顺计数显示，显示完0015后，就返回原倒计数显示的被中断处继续显示。在无开关S2按下的中断干预时，则不停地重复显示9999～0000的倒计数。注意，外中断1用INT1表示。

步骤1　在Keil编程环境中，打开“数码管的四位数显示”项目文件，将“数码管的四位数显示.c”文件代码全部复制。

步骤2　新建项目，在弹出的对话框中打开E盘，再打开“用微课学51单片机”文件夹，单击“新建文件夹”按钮，将新建文件夹命名为“3中断应用编程实训”；打开“3中断应用编程实训”文件夹，单击“新建文件夹”按钮，将新建文件夹命名为“1外中断INT1编程实训”；打开“1外中断INT1编程实训”文件夹，在文件名文本框中输入“外中断INT1编程实训”，然后保存这个项目文件。

步骤3　在弹出的单片机选择对话框中，展开“Atmel”选项，从中选取“AT89C52”选项。

步骤4　新建文件，在编辑区中粘贴步骤1所复制的代码。

步骤5　在粘贴所得代码的主函数main()前面添加如下代码：

```
void disp_INT1() interrupt 2//用“interrupt”指定为外中断1的中断服务函数
{
    int x,y;
    for(x=1;x<=15;x++)          //x为1～15的循环
        for(y=1;y<50;y++)
            disp_LEDS(x);       //显示x
}
```

步骤6　在主函数main()的说明语句后增加一条语句：

```
IE=0x84;        //打开中断，并允许外中断1的中断请求
```

步骤 7 将代码保存为“外中断 INT1 编程实训.c”文件。

步骤 8 将保存的文件添加到当前项目中。

步骤 9 设置项目的输出文件路径，完成项目的编译链接以生成项目的 HEX 文件。

步骤 10 用 STC 官方提供的烧录软件将项目生成的 HEX 文件下载到单片机上运行。运行时要按下 S2 开关以观察产生的现象。

本实训任务的程序源代码如下。

```
//
#include"reg52.h"
#define uchar unsigned char

sbit qw=P2^0;
sbit bw=P2^1;
sbit sw=P2^2;
sbit gw=P2^3;

void delay()
{
   int x;
   for(x=0;x<250;x++)
     ;
}

void disp_LEDS(int m)
{
   int n;
   uchar code num[10]={0xc0,0xf9,0xa4,0xb0,0x99,0x92,0x82,0xf8,0x80,0x90};

   //
   n=m/1000;
   P0=num[n];
   qw=0;
   delay();
   qw=1;

   //
   n=m/100%10;
   P0=num[n];
   bw=0;
   delay();
   bw=1;

   //
   n=m/10%10;
   P0=num[n];
   sw=0;
   delay();
```

```
    sw=1;

    //
    n=m%10;
    P0=num[n];
    gw=0;
    delay();
    gw=1;
  }

  void disp_INT1() interrupt 2
  {
    int x,y;
    for(x=1;x<15;x++)
      for(y=0;y<50;y++)
      disp_LEDS(x);
  }

  void main()
  {
    int x,y;
    IE=0x84;
    while(1)
      for(x=9999;x>=0;x--)
       for(y=0;y<20;y++)
         disp_LEDS(x);
  }
```

任务 2　外中断 INT0 与 INT1 嵌套编程实训

实训程序效果：

实训程序正常运行时，显示 9999～0000 的倒计数，按下开关 S2（STC89C52 第 13 脚对地按钮），程序就中断倒计数的显示，进入 0000,0001,0002,…,0015 的外中断 1 顺计数显示，按下开关 S1（STC89C52 第 12 脚对地按钮），程序就进入 1111,2222,3333,…的跳计数显示，显示到 9999 后，就返回外中断 1 顺计数的被中断位置，接着原来的外中断 1 顺计数显示，显示到 0015 后，外中断 1 完成，就返回原倒计数被中断处继续显示。在无开关 S2 和 S1 按下的中断干预时，则不停地重复显示 9999～0000 的倒计数。注意，外中断 0 用 INT0 表示。

实训程序运行时，若先按 S2 再按 S1，就是中断嵌套；若先按 S1 再按 S2，则 S2 不起作用。也就是说，INT0 可中断 INT1，但 INT1 不能中断 INT0。

步骤 1　在 Keil 编程环境中，打开“外中断 INT1 编程实训”项目文件，将“外中断 INT1 编程实训.c”文件代码全部复制。

步骤 2 新建项目，在弹出的对话框中打开 E 盘，再打开“用微课学 51 单片机”→“3 中断应用编程实训”文件夹，单击“新建文件夹”按钮，将新建文件夹命名为“2 外中断 INT0 与 INT1 嵌套编程实训”，再打开“2 外中断 INT0 与 INT1 嵌套编程实训”文件夹，在文件名文本框中输入“外中断 INT0 与 INT1 嵌套编程实训”，然后保存这个项目文件。

步骤 3 在弹出的单片机选择对话框中，展开“Atmel”选项，从中选取“AT89C52”选项。

步骤 4 新建文件，在编辑区中粘贴步骤 1 所复制的代码。

步骤 5 在粘贴所得代码中，在主函数 main()前面添加如下代码：

```
void disp_INT0() interrupt 0  //用“interrupt”指定为外中断0的中断服务函数
{
    int u,v;
    for(u=1111;u<10000;u=u+1111)
     for(v=0;v<50;v++)
        disp_LEDS(u);
}
```

步骤 6 在主函数 main()的说明语句后增加一条语句“IP=0x01;”，将“IE=0x84;”改为“IE=0x85;”。

步骤 7 将代码保存为“外中断 INT0 与 INT1 编程实训.c”文件。

步骤 8 将保存的文件添加到当前项目中。

步骤 9 设置项目的输出文件路径，完成项目的编译链接以生成项目的 HEX 文件。

步骤 10 用 STC 官方提供的烧录软件将项目生成的 HEX 文件下载到单片机上运行。运行时先按 S2 开关，几秒后再按 S1 开关，仔细观察显示情况的变化。

本实训任务的程序源代码如下。

```
//
#include"reg52.h"
#define uchar unsigned char

sbit qw=P2^0;
sbit bw=P2^1;
sbit sw=P2^2;
sbit gw=P2^3;

void delay()
{
   int x;
   for(x=0;x<250;x++)
     ;
}

void disp_LEDS(int m)
{
   int n;
   uchar code num[10]={0xc0,0xf9,0xa4,0xb0,0x99,0x92,0x82,0xf8,0x80,0x90};
```

```
    //
    n=m/1000;
    P0=num[n];
    qw=0;
    delay();
    qw=1;

    //
    n=m/100%10;
    P0=num[n];
    bw=0;
    delay();
    bw=1;

    //
    n=m/10%10;
    P0=num[n];
    sw=0;
    delay();
    sw=1;

    //
    n=m%10;
    P0=num[n];
    gw=0;
    delay();
    gw=1;
}

void disp_INT1() interrupt 2
{
    int x,y;
    for(x=1;x<15;x++)
      for(y=0;y<50;y++)
      disp_LEDS(x);
}

void disp_INT0() interrupt 0
{
    int u,v;
    for(u=1111;u<10000;u=u+1111)
      for(v=0;v<50;v++)
      disp_LEDS(u);
}

void main()
{
```

```
    int x,y;
    IP=0x01;          //外中断0为高优先级
    IE=0x85;          //打开总中断，允许外中断0和外中断1的中断请求
    while(1)
      for(x=9999;x>=0;x--)//9999～0的万次循环
      for(y=0;y<20;y++)
         disp_LEDS(x);//显示循环变量x的值
}
```

任务 3　定时器 T0 编程实训

实训程序效果：

实训程序的作用是实现 1 分 59 秒定时器。通电运行后，显示 0159→0158→0157→…→0000，当按秒递减计数到 0 时，计时到指示灯点亮，此后就保持此状态。

步骤 1　在 Keil 编程环境中，打开“数码管的四位数显示”项目文件，将“数码管的四位数显示.c”文件代码全部复制。

步骤 2　新建项目，在弹出的对话框中打开 E 盘，再打开“用微课学 51 单片机”→“3 中断应用编程实训”文件夹，单击“新建文件夹”按钮，将新建文件夹命名为“3 定时器 T0 编程实训”，再打开“3 定时器 T0 编程实训”文件夹，在文件名文本框中输入“定时器 T0 编程实训”，然后保存这个项目文件。

步骤 3　在弹出的单片机选择对话框中，展开“Atmel”选项，从中选取“AT89C52”选项。

步骤 4　新建文件，在编辑区中粘贴步骤 1 所复制的代码。

步骤 5　在粘贴所得代码中，在定义变量部分插入如下两行代码：

```
sbit ds=P2^7;                    //定义指示灯变量，0熄1亮
uchar ctime,second,minute;
```

步骤 6　在 main()函数前定义如下的定时器 0 中断服务函数：

```
void timing() interrupt 1        //指定T0的中断服务函数
{
    ctime++;
    if(ctime==20)                //20个50ms就是1s
    {
        ctime=0;
        second--;
        if(minute==0&&second==0)
        {
          ds=1;                  //点亮指示灯
          ET0=0;                 //禁止T0中断
        }
        else if(second==0)
        {
          second=59;
```

```
            minute--;
        }
    }
    TH0=(65536-50000)/256;          //T0计数赋初值
    TL0=(65536-50000)%256;          //T0计数赋初值
}
```

步骤 7　修改主函数 main()代码。

```
main()
{
    int x;
    ctime=0;                    //计数变量赋初值
    second=23;                  //秒变量赋初值
    minute=1;                   //分变量赋初值
    EA=1;                       //打开中断
    ET0=1;                      //允许T0（用T0表示定时器/计数器0）中断
     TMOD=0x11;                 //指定T0、T1都工作于定时器模式，都为16位定时器/计数器
     TH0=(65536-50000)/256;         //T0计数赋初值（高8位）
    TL0=(65536-50000)%256;          //T0计数赋初值（低8位）
    TR0=1;                          //启动T0
    ds=0;                           //指示灯控制变量，0熄1亮
    while(1)
    {
        x=minute*100+second;        //组合成四位数赋值给x
        disp_LEDS(x);               //显示x
    }
}
```

步骤 8　将代码保存为“定时器 T0 编程实训.c”文件。

步骤 9　将保存的文件添加到当前项目中。

步骤 10　设置项目的输出文件路径，完成项目的编译链接以生成项目的 HEX 文件。

步骤 11　用 STC 官方提供的烧录软件将项目生成的 HEX 文件下载到单片机上运行。

本任务的源程序如下。

```
//
#include"reg52.h"
#define uchar unsigned char

sbit qw=P2^0;
sbit bw=P2^1;
sbit sw=P2^2;
sbit gw=P2^3;
sbit ds=P2^7;

uchar ctime,second,minute;

void delay()
{
    int x;
```

```
    for(x=0;x<250;x++)
      ;
}

void disp_LEDS(int m)
{
    int n;
    uchar code num[10]={0xc0,0xf9,0xa4,0xb0,0x99,0x92,0x82,0xf8,0x80,0x90};

    //
    n=m/1000;
    P0=num[n];
    qw=0;
    delay();
    qw=1;

    //
   n=m/100%10;
    P0=num[n];
    bw=0;
    delay();
    bw=1;

   //
   n=m/10%10;
   P0=num[n];
   sw=0;
   delay();
   sw=1;

    //
    n=m%10;
    P0=num[n];
    gw=0;
    delay();
    gw=1;
}

timing() interrupt 1
{
    ctime++;
    if(ctime==20)
    {
        ctime=0;
        second--;
        if(minute==0&&second==0)
        {
```

```
            ds=1;
            ET0=0;
        }
        else if(second==0)
        {
                second=59;
                minute--;
        }
    }
    TH0=(65536-50000)/256;
    TL0=(65536-50000)%256;
}

void main()
{
    int x;
    ctime=0;
    second=23;
    minute=1;
    EA=1;
    ET0=1;
    TMOD=0x11;
    TH0=(65536-50000)/256;
    TL0=(65536-50000)%256;
    TR0=1;
    ds=0;
    while(1)
    {
      x=minute*100+second;
      disp_LEDS(x);
    }
}
```

任务 4　百分钟内任意定时器

实训程序效果：

实训程序的作用是实现 100 分钟内任意定时器，就是用几个按键来设定一个四位数，这个四位数左边的两位数表示分钟数，右边的两位数表示秒数。设置完成后就以所设定的时间进行减法计数，当计数到 0 时，计时到指示灯点亮，此后就保持此状态。

步骤 1　在 Keil 编程环境中，打开“定时器 T0 编程实训”项目文件，将“定时器 T0 编程实训.c”文件代码全部复制。

步骤 2　新建项目，在弹出的对话框中打开 E 盘，再打开“用微课学 51 单片机”→“3 中断应用编程实训”文件夹，单击“新建文件夹”按钮，将新建文件夹命名为“4 百分钟内任意定时器”，再打开“4 百分钟内任意定时器”文件夹，在文件名文本框中输入“百分钟内任意定时器”，然后保存这个项目文件。

步骤 3 在弹出的单片机选择对话框中，展开“Atmel”选项，从中选取“AT89C52”选项。

步骤 4 新建文件，在编辑区中粘贴步骤 1 所复制的代码。

步骤 5 在粘贴所得代码的变量定义部分，增加如下 4 行代码：

```
sbit s3=P1^1;
sbit s4=P1^2;
sbit s5=P1^3;
sbit s6=P1^4;
```

步骤 6 在主函数 main()定义的前面，定义外中断 1 的中断服务函数。代码如下：

```
set_mm_ss()  interrupt  2          //指定为INT1中断服务
{
    int i,n;
    minute=20;
    second=10;
    while(s6)
    {
        if(s3==0)
        {
            delay();
            if(s3==0)
            {
                minute++;
                if(minute>99)
                    minute=0;
            }
        }

        if(s4==0)
        {
            delay();
            if(s4==0)
            {
                minute--;
                if(minute==-1)
                minute=99;
            }
        }

        if(s5==0)
        {
            delay();
            if(s5==0)
            {
                second++;
```

```
                if(second>59)
                second=0;
            }
        }

        for(i=0;i<50;i++)
        {
            n=minute*100+second;
            disp_LEDS(n);
        }
    }
}
```

步骤 7 在主函数 main()的中断代码中，增加打开外中断 1 的语句：

```
EX1=1;
```

步骤 8 保存代码为“百分钟内任意定时器.c”文件。

步骤 9 将保存的文件添加到当前项目中。

步骤 10 设置项目的输出文件路径，完成项目的编译链接以生成项目的 HEX 文件。

步骤 11 用 STC 官方提供的烧录软件将项目生成的 HEX 文件下载到单片机上运行。

本任务的源程序如下。

```
//
#include"reg52.h"
#define uchar unsigned char

sbit qw=P2^0;
sbit bw=P2^1;
sbit sw=P2^2;
sbit gw=P2^3;
sbit ds=P2^7;
sbit s3=P1^1;
sbit s4=P1^2;
sbit s5=P1^3;
sbit s6=P1^4;

uchar ctime,second,minute;

void delay()
{
   int x;
   for(x=0;x<250;x++)
     ;
}

void disp_LEDS(int m)
{
   int n;
   uchar code num[10]={0xc0,0xf9,0xa4,0xb0,0x99,0x92,0x82,0xf8,0x80,0x90};
```

```
    //
    n=m/1000;
    P0=num[n];
    qw=0;
    delay();
    qw=1;

    //
    n=m/100%10;
    P0=num[n];
    bw=0;
    delay();
    bw=1;

    //
    n=m/10%10;
    P0=num[n];
    sw=0;
    delay();
    sw=1;

    //
    n=m%10;
    P0=num[n];
    gw=0;
    delay();
    gw=1;
}

timing() interrupt 1
{
    ctime++;
    if(ctime==20)
    {
        ctime=0;
            second--;
            if(minute==0&&second==0)
            {
                ds=1;
                ET0=0;
            }
            else if(second==0)
            {
                second=59;
                minute--;
            }
```

```
    }
    TH0=(65536-50000)/256;
    TL0=(65536-50000)%256;
}

set_mm_ss() interrupt 2
{
    int i,n;
    minute=20;
    second=10;
    while(s6)
    {
      if(s3==0)              //判定s3按键
      {                      //进入按键处理
      delay();               //延时
      if(s3==0)              //再判定s3按键
      {                      //确认按键处理
          minute++;
          if(minute>99)
             minute=0;
       }
    }

    if(s4==0)                //判定s4按键
    {                        //进入按键处理
      delay();               //延时
      if(s4==0)              //再判定s4按键
      {                      //确认按键处理
          minute--;
          if(minute==-1)
             minute=99;
      }
    }

     if(s5==0)               //判定s5按键
     {                       //进入按键处理
        delay();             //延时
        if(s5==0)            //再判定s5按键
        {                    //确认按键处理
            second++;
            if(second>59)
               second=0;
        }
     }

        for(i=0;i<50;i++)
        {
```

```
            n=minute*100+second;    //组合为四位数
            disp_LEDS(n);           //显示组合数
        }
    }
}

void main()
{
    int x;
    ctime=0;
    second=23;
    minute=1;
    EA=1;                           //开总中断
    ET0=1;                          //允许T0中断
    EX1=1;                          //允许INT1中断
    TMOD=0x11;                      //设置为16位
    TH0=(65536-50000)/256;          //设置高8位的初值
    TL0=(65536-50000)%256;          //设置低8位的初值
    TR0=1;                          //启动T0
    ds=0;                           //关闭指示灯
    while(1)
    {
      x=minute*100+second;          //组合为四位数
    disp_LEDS(x);                   //显示x的值
  }
}
```

任务 5　计数器 T0 和 T1 编程实训

实训程序效果：

实训程序的作用是让 T0 和 T1 都作为计数器使用。T1 的计数源用 S8 将 P3.5 对地接通再断开来产生，即 S8 的一极接地，另一极接 P3.5。T0 的计数源由在 T1 的中断服务函数中对 P1.0 赋值 0 和 1 来产生，因此要用导线将 P1.0 和 P3.4 连通。T0 和 T1 的计数初值都是 0xff0xf8，即计数满 8 次就应中断一次。由于 T1 用接通/断开操作作为计数信号，而开关产生的计数波形是不确定的，因此产生 T1 中断的按键次数不确定（当然，理论上是 8 次）。T0 的计数信号是由 T1 的中断服务函数对 P1.0 的置位/复位来产生的，计数信号非常规则。T1 计数中断时由发光管进行指示，T1 每中断一次，就产生一个 T0 的计数信号。程序正常运行时显示 9999～0 的倒计数，按 S8 若干次就会产生一次 T1 中断（发光管点亮），当发光管第 8 次点亮时，产生 T0 计数中断，程序进入 T0 计数中断服务，显示 1111,…,8888,9999 的跳计数，跳计数显示 9999 后，T0 计数中断结束，返回倒计数的中断处，继续进行倒计数。

实训前的准备事项：

如图 3-1 所示，将 4 条杜邦线连接好。

图 3-1　将 4 条杜邦线连接好

步骤 1　在 Keil 编程环境中，打开“外中断 INT0 与 INT1 嵌套编程实训”项目文件，将“外中断 INT0 与 INT1 编程实训.c”文件代码全部复制。

步骤 2　新建项目，在弹出的对话框中打开 E 盘，再打开“用微课学 51 单片机”→“3 中断应用编程实训”文件夹，单击“新建文件夹”按钮，将新建文件夹命名为“5 计数器中断编程”，再打开“5 计数器中断编程”文件夹，在文件名文本框中输入“T0T1 计数器中断编程实训”，然后保存这个项目文件。

步骤 3　在弹出的单片机选择对话框中，展开“Atmel”选项，从中选取“AT89C52”选项。

步骤 4　新建文件，在编辑区中粘贴步骤 1 所复制的代码。

步骤 5　在粘贴所得代码中，在第 8 行后，增加“sbit ds=P1^0;”和“sbit js=P2^7;”两条语句。

步骤 6　在粘贴所得代码中，将外中断 1 的中断服务程序修改为如下代码：

```
void disp_T1() interrupt 3          //指定为T1的中断服务函数
{
   int x,y;
   ds=0;
   for(x=1;x<=150;x++)
      for(y=1;y<500;y++)
         js=1;                      //点亮发光管
   TH1=0xff;
   TL1=0xf8;                        //设置计数8次后产生中断
   TR1=1;
   ds=1;                            //形成T0的计数信号
   js=0;                            //关闭发光管
}
```

步骤 7 在粘贴所得代码中，将外中断 0 的中断服务程序修改为如下代码：

```
void disp_T0() interrupt 1   //指定为T0的中断服务函数
{
    int u,v;
    for(u=1111;u<10000;u+=1111)
        for(v=0;v<50;v++)
           disp_LEDS(u);
   TH0=0xff;
   TL0=0xf8;                  //设置T0计数8次后产生中断
   TR0=1;                     //启动T0
}
```

步骤 8 修改主函数 main()。

```
void main()
{
    int x,y;
    js=0;                          //关闭发光管
    TMOD=0x55;                     //指定T0、T1都为16位计数器工作模式
    EA=1;                          //打开总中断
    TH1=0xff;
    TL1=0xf8;                      //T1设置为计数8次后产生中断
    TR1=1;                         //启动T1计数
    ET1=1;                         //允许T1中断
    TH0=0xff;
    TL0=0xf8;                      //T0设置为计数8次后产生中断
    TR0=1;                         //启动T0计数
    ET0=1;                         //允许T0中断
    while(1)                       //无限循环
        for(x=9999;x>=0;x--)
              for(y=0;y<20;y++)
                 disp_LEDS(x);  //显示x的值
}
```

步骤 9 将代码保存为“T0T1 计数器中断编程实训.c”文件。将保存的文件添加到当前项目中。

步骤 10 设置项目的输出文件路径，完成项目的编译链接以生成项目的 HEX 文件。

步骤 11 用 STC 官方提供的烧录软件将项目生成的 HEX 文件下载到单片机上运行。

本任务的源代码如下。

```
//
#include"reg52.h"
#define uchar unsigned char

sbit qw=P2^0;
sbit bw=P2^1;
sbit sw=P2^2;
sbit gw=P2^3;
sbit ds=P1^0;
sbit js=P2^7;
```

```
void delay()
{
   int x;
   for(x=0;x<250;x++)
       ;
}

void disp_LEDS(int m)
{
    int n;
    uchar code num[10]={0xc0,0xf9,0xa4,0xb0,0x99,0x92,0x82,0xf8,0x80,0x90};

   //
   n=m/1000;
   P0=num[n];
   qw=0;
   delay();
   qw=1;

   //
   n=m/100%10;
   P0=num[n];
   bw=0;
   delay();
   bw=1;

   //
   n=m/10%10;
   P0=num[n];
   sw=0;
   delay();
   sw=1;

   //
   n=m%10;
   P0=num[n];
   gw=0;
   delay();
   gw=1;
}

void disp_T1() interrupt 3
{
   int x,y;
   ds=0;
   for(x=1;x<=150;x++)
```

```
        for(y=1;y<500;y++)
          js=1;
      TH1=0xff;
      TL1=0xf8;
      TR1=1;
      ds=1;
      js=0;
    }

    void disp_T0() interrupt 1
    {
      int u,v;
      for(u=1111;u<10000;u+=1111)
        for(v=0;v<50;v++)
              disp_LEDS(u);
      TH0=0xff;
      TL0=0xf8;
      TR0=1;
    }

    void main()
    {
       int x,y;
       js=0;
       TMOD=0x55;                  //指定T0、T1为16位计数器模式
       EA=1;                       //开总中断
       TH1=0xff;
       TL1=0xf8;                   //T1计数8次后中断
       TR1=1;                      //启动T1计数
       ET1=1;                      //允许T1中断
       TH0=0xff;
       TL0=0xf8;                   //T0计数8次后中断
       TR0=1;                      //启动T0计数
       ET0=1;                      //允许T0中断
       while(1)
           for(x=9999;x>=0;x--)
              for(y=0;y<20;y++)
                  disp_LEDS(x);
    }
```

项目小结

中断一般是指在正常的工作进程中，发生了意外的突发事件，需要暂停正常工作，应急处理完突发事件后，再继续工作。

单片机芯片设计者在单片机中引入了中断机制，这就为单片机在系统正常运作时应对

突发事件奠定了基础。在 51 系列单片机中，中断源共有 5 个：

- 外部中断请求 0，由 INT0（P3.2）输入。
- 外部中断请求 1，由 INT1（P3.3）输入。
- 片内定时器/计数器 T0 溢出中断请求。
- 片内定时器/计数器 T1 溢出中断请求。
- 片内串行口发送/接收中断请求。

本项目共安排了 5 个中断编程实训，即一个外中断 1 案例、一个外中断 1 嵌套外中断 0 案例、两个定时器 0 案例、一个计数器 0 案例。通过这 5 个中断编程实训，读者可基本掌握 51 单片机中断源的编程应用，从而能举一反三地应用在后面的编程实训中。

需要特别指出的是，定时器中断和计数器中断本质上都是计数溢出中断。当计数寄存器的各二进制位全为 1，即已计数到其最大值时，再接收一个计数脉冲，就会产生计数溢出中断，使单片机中断正在执行的程序，转而执行中断服务程序，中断服务程序执行完毕，才恢复之前程序的执行。注意，是计数溢出了才中断。

精准产生计数溢出中断，需要给寄存器正确赋初值。以计数器中断为例，计数脉冲由 P3.4（或 P3.5），即 T0（或 T1）引脚输入，如果约定按键 16 次就产生中断，则用计数寄存器的计数最大值 65536 减去 16 即可；如果约定按键 8 次就产生中断，则用计数寄存器的计数最大值 65536 减去 8 即可，这在计数器中断编程实训中已得到验证。

定时器中断的赋初值要复杂些。定时器中断时，计数脉冲由单片机系统振荡器提供，计数频率为 $f_{osc}/12$，用 12MHz 晶振便于计算，计数 1 次用 1μs，设定时器定时时间为 50ms，就要计数 50000 次，计数 50000 次就溢出中断，则应从 65536−50000 开始计数，因此要用“TH0=(65536−50000)/256;”和“TL0=(65536−50000)%256;”来给两个 8 位寄存器赋初值。当然，这里已先用“TMOD=0x01;”规定了 T0 的 16 位（TL0 和 TH0 串接成 16 位计数器）工作方式。

51 单片机中断知识简介

1. 中断允许寄存器 IE 和中断优先级寄存器 IP

要使用单片机的中断源，首先要设置中断允许寄存器 IE 和中断优先级寄存器 IP。下面介绍这两个寄存器有关功能位的具体定义。

1）中断允许寄存器 IE

中断允许寄存器 IE 用来设定各中断源的打开和关闭。对 IE 既可按字节寻址，也可按位寻址（可对 IE 的每一位单独进行操作）。单片机复位时 IE 被清 0。IE 各功能位的定义见表 3-1。

表 3-1　中断允许寄存器 IE 各功能位的定义

EA	未定义	未定义	ES	ET1	EX1	ET0	EX0
IE.7	IE.6	IE.5	IE.4	IE.3	IE.2	IE.1	IE.0

EA：中断总控位。EA=0，关闭一切中断；EA=1，打开一切中断，此时 CPU 才可以响应各中断源的中断请求。

ES：串行口中断允许位。ES=0，禁止该中断；ES=1，允许该中断。

ET1：定时器/计数器 T1 中断允许位。ET1=0，禁止该中断；ET1=1，允许该中断。

EX1：外部中断 1 中断允许位。EX1=0，禁止该中断，EX1=1，允许该中断。

ET0：定时器/计数器 T0 中断允许位。ET0=0，禁止该中断；ET0=1，允许该中断。

EX0：外部中断 0 中断允许位。EX0=0，禁止该中断；EX0=1，允许该中断。

2）中断优先级寄存器 IP

为了在单片机出现多个中断源同时发出中断请求的局面时有一个通行的处理顺序，在设计单片机时，就制定了一个默认的标准顺序，具体如下：

- 外部中断 0——最高级；
- 定时器/计数器 T0——次高级；
- 外部中断 1——居中级；
- 定时器/计数器 T1——次低级；
- 串行口中断——最低级。

当多个中断源同时发出中断请求时，CPU 就按上面的标准顺序接收中断请求。然而，在一些特殊情况下，编程者需要系统优先接收某些级别较低的中断请求。此时，就必须先改变中断优先级寄存器 IP 的设置。

中断优先级寄存器 IP 用来设定 CPU 对各中断源中断请求的响应级别。中断优先级寄存器 IP 各功能位的定义见表 3-2。

表 3-2 中断优先级寄存器 IP 各功能位的定义

未定义	未定义	未定义	PS	PT1	PX1	PT0	PX0
IP.7	IP.6	IP.5	IP.4	IP.3	IP.2	IP.1	IP.0

PS：串行口中断优先级控制位。PS=1，串行口中断为高优先级；PS=0，串行口中断为低优先级。

PT1：定时器/计数器 T1 中断优先级控制位。PT1=1，定时器/计数器 T1 中断为高优先级；PT1=0，定时器/计数器 T1 中断为低优先级。

PX1：外部中断 1 优先级控制位。PX1=1，外部中断 1 为高优先级；PX1=0，外部中断 1 为低优先级。

PT0：定时器/计数器 T0 中断优先级控制位。PT0=1，定时器/计数器 T0 中断为高优先级；PT0=0，定时器/计数器 T0 中断为低优先级。

PX0：外部中断 0 优先级控制位。PX0=1，外部中断 0 为高优先级；PX0=0，外部中断 0 为低优先级。

单片机上电复位后，IE 和 IP 都被清 0。运行程序对 IE 保持默认时，所有中断被禁止；运行程序对 IE 进行设置后，有关中断被开放。有中断开放后，若运行程序对 IP 未加干预，则 5 个中断源同为低优先级，此时若有中断源同时发出中断请求，就按标准顺序处理中断请求；若运行程序对 IP 进行了设置后，则按先高优先级、后低优先级的原则处理，在高优先级或低优先级上再按标准顺序进行处理。

2. 定时器/计数器简介

1）定时器/计数器内部结构

定时器/计数器 T0 和 T1 是单片机中非常重要的两个中断源，从编程的角度来看，它们的内部结构如图 3-2 所示。

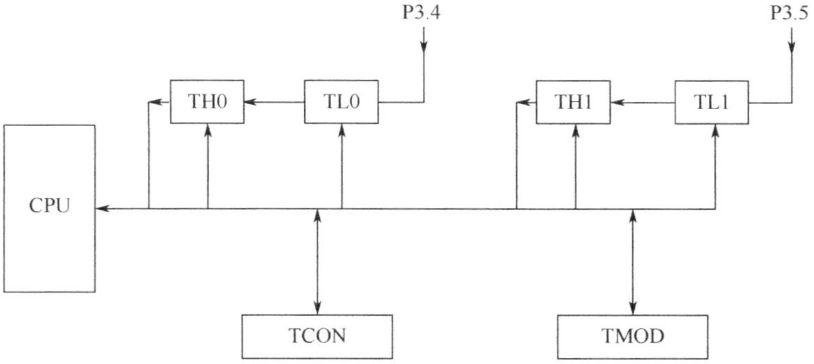

图 3-2　定时器/计数器 T0 和 T1 的内部结构

由图 3-2 可见，定时器/计数器 T0 是由两个 8 位计数器 TH0 和 TL0 组成的 16 位计数器，定时器/计数器 T1 是由两个 8 位计数器 TH1 和 TL1 组成的 16 位计数器。这两个 16 位的定时器/计数器如何工作由两个特殊功能寄存器 TCON 和 TMOD 来控制。

2）特殊功能寄存器 TCON

特殊功能寄存器 TCON 的作用是控制定时器/计数器的启动和中断请求。TCON 各功能位的定义见表 3-3。

表 3-3　TCON 各功能位的定义

位序号	D7	D6	D5	D4	D3	D2	D1	D0
位符号	TF1	TR1	TF0	TR0	IE1	IT1	IE0	IT0

TF1：定时器/计数器 T1 溢出标志。当定时器/计数器溢出时，由内部硬件申请中断，进入中断服务函数后由内部硬件自动清 0。

TR1：定时器/计数器 T1 运行控制位。靠软件置 1 或清 0，置 1 时定时器/计数器开始工作，清 0 时停止工作。

TF0：定时器/计数器 T0 溢出标志。当定时器/计数器溢出时，由内部硬件申请中断，进入中断服务函数后由内部硬件自动清 0。

TR0：定时器/计数器 T0 运行控制位。靠软件置 1 或清 0，置 1 时定时器/计数器开始工作，清 0 时停止工作。

IE1：外部中断 1（INT1 引脚）请求标志。检测到 INT1 引脚上的低电平（或负跳变）时，由硬件置 1，请求中断，进入中断服务函数后由硬件自动清 0。

IT1：外部中断 1 触发方式选择位。IT1=0 时，为电平方式，引脚 INT1 上低电平触发；IT1=1 时，为跳变沿方式，引脚 INT1 上电平从高到低的负跳变触发。

IE0：外部中断 0（INT0 引脚）请求标志。检测到 INT0 引脚上的低电平（或负跳变）时，由硬件置 1，请求中断，进入中断服务函数后由硬件自动清 0。

IT0：外部中断 0 触发方式选择位。IT0=0 时，为电平方式，引脚 INT0 上低电平触发；IT0=1 时，为跳变沿方式，引脚 INT0 上电平从高到低的负跳变触发。

单片机复位时，TCON 被清 0，对 TCON 可以进行功能位的单独操作（位寻址）。

3）特殊功能寄存器 TMOD

特殊功能寄存器 TMOD 的作用是控制定时器/计数器 T0 和 T1 的工作方式。TMOD 各功能位的定义见表 3-4。

表 3-4 TMOD 各功能位的定义

位序号	D7	D6	D5	D4	D3	D2	D1	D0
位符号	GATE	C/T	M1	M0	GATE	C/T	M1	M0

TMOD 的高 4 位用来控制 T1，低 4 位用来控制 T0。高 4 位对 T1 的控制和低 4 位对 T0 的控制在方式和效果上是一样的。

GATE：受控模式设置位。GATE=0，定时器/计数器的启动与停止仅受 TCON 中 TR1、TR0 的控制；GATE=1 时，定时器/计数器的启动与停止受 TCON 中 TR0、TR1 和外部中断引脚 INT1、INT0 上电平状态的共同控制。

C/T：工作模式设置位。C/T=0，为定时器模式；C/T=1，为计数器模式。

M1 和 M0：工作方式设置位。每个定时器/计数器都有 4 种工作方式，由 M1 和 M0 设置，4 种工作方式的设置见表 3-5。

表 3-5 4 种工作方式的设置

M1	M0	工 作 方 式
0	0	方式 0，为 13 位定时器/计数器
0	1	方式 1，为 16 位定时器/计数器
1	0	方式 2，8 位初值自动重装的 8 位定时器/计数器
1	1	方式 3，仅适用于 T0，分成两个 8 位计数器，T1 停止工作

单片机中的定时器和计数器是同一部件，实质上就是加 1 计数器，其根据设置的不同而形成定时模式或计数模式，定时模式是对单片机内部的工作周期数计数（1 个工作周期等于 12 个时钟周期），计数模式是对 T0 或 T1 引脚上的外部脉冲计数。当计数到全 1 再加 1 时就产生溢出，溢出就发出中断请求，CPU 就暂停正在执行的程序，转而执行中断服务程序。不管 T0 和 T1 处于定时模式还是计数模式，其计数操作和计数过程都不占用 CPU 的时间。

项目四

单总线、双总线、三总线器件编程实训

本项目将介绍DS18B20（单总线数字温度传感器）、AT24C0X（双总线EEPROM器件）、DS1302（三总线日历时钟器件）的基本应用编程实训和综合编程实训。

任务1　DS18B20编程实训

1．DS18B20的外形及其与单片机的连接

DS18B20具有低功耗、高性能、接口简单、抗干扰能力强等特点。DS18B20能将温度直接转化为串行数字信号并提供给单片机处理，因此被广泛应用在与温度显示及温度控制等有关的各种场合。DS18B20的外形如图4-1所示，它和单片机的连接如图4-2所示。

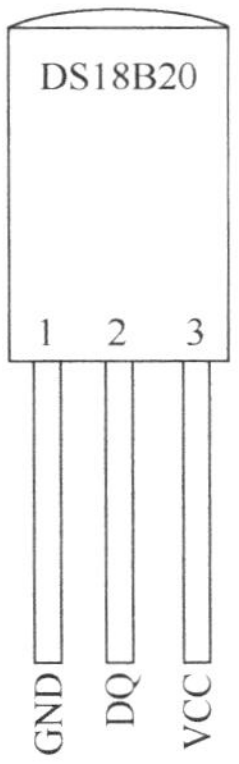

图4-1　DS18B20的外形

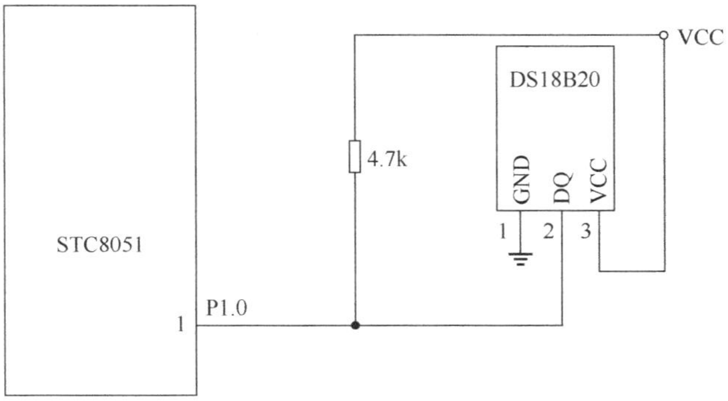

图4-2　DS18B20与单片机的连接

2．DS18B20的内部结构和操作指令

DS18B20内部主要包括64位ROM、温度检测元件、高速存储器（RAM）和EEPROM等。

ROM 中的 64 位序列号是出厂前就被光刻好的，它是 DS18B20 器件的地址编号，作用是使每一个 DS18B20 器件的地址都不相同，从而可实现在一根总线上挂接多个 DS18B20 器件。

温度检测元件是 DS18B20 的核心，它的测温范围为-55～+125℃，精度为 0.0675℃，最长转换时间为 200ms。

高速存储器共 9 字节，其功能和地址见表 4-1。

表 4-1 DS18B20 高速存储器功能及地址

功　能	字 节 地 址
温度值低位（LSB）	0
温度值高低（MSB）	1
高温报警触发器 TH 副本	2
低温报警触发器 TL 副本	3
配置寄存器副本	4
保留	5
保留	6
保留	7
CRC 校验值	8

9 字节存储器中的第 1 字节和第 2 字节（字节地址为 0、1）用来存放经转换所得的温度值，格式为补码形式。二进制位的前 5 位是符号位，如果测得的温度值大于或等于 0，符号位为 0，只要将存放的数值除以 16 即可得到实际温度值；如果测得的温度值小于 0，符号位为 1，存放的数值需要取反加 1 再除以 16 才是实际温度值。在本书中，我们只使用这两字节。第 3、4、5 字节分别是 TH、TL、配置寄存器的副本，每一次上电复位时被刷新。第 6、7、8 字节未用。第 9 字节为前面 8 字节的 CRC 校验值，用来保证通信正确。

DS18B20 的硬件电路连接好以后，单片机要用 DS18B20 的操作码获取温度数据。DS18B20 的所有操作码均为 8 位，常用操作码见表 4-2。

表 4-2 DS18B20 常用操作码

功 能 描 述	操　作　码
启动温度转换	0x44
读取暂存器内容	0xbe
读取 DS18B20 的序列号	0x33
将数据写入存储器的第 2、3 字节	0x4e
匹配 ROM	0x55
搜索 ROM	0xf0
报警搜索	0xec
跳过读序号的操作	0xcc
读电源供给方式	0xb4

3. DS18B20 的操作时序

单总线通信方式需要遵守严格的通信协议，对操作时序要求严格。几个主要的操作时序是总线复位、写数据位、读数据位。

（1）总线复位：置总线为低电平并至少保持 480μs，然后拉高电平，等待从端重新拉低电平作为响应，总线复位完成。

（2）写数据位。

① 写数据位 0。置总线为低电平并至少保持 15μs，然后等待从端对电平采样，最后拉高电平完成写操作。

② 写数据位 1。置总线为低电平并保持 1～15μs，然后拉高电平并保持 15～45μs，等待从端对电平采样，完成写操作。

（3）读数据位。

置总线为低电平并至少保持 1μs，然后拉高电平并至少保持 1μs，在 15μs 内采样总线电平获得数据，延时 45μs 完成读操作。

根据上面给出的操作时序，可设计出读写 DS18B20 的专用函数（见下面程序中函数名以 b20 开头者）。这些函数就是根据操作时序来设计的，这些函数中的语句不好理解，能正确调用相关函数即可。

4．定义变量及 DS18B20 复位函数

步骤 1　在 Keil 编程环境中，打开“数码管的四位数显示”项目，复制其 C 程序代码。

步骤 2　新建项目，依次打开 E 盘→“用微课学 51 单片机”文件夹，新建并打开“4 单总线双总线三总线器件编程实训”文件夹，再新建并打开“1DS18B20 编程实训”文件夹，将项目文件命名为“DS18B20 编程实训”，保存后选择单片机型号。

步骤 3　新建文件，在编辑区粘贴所复制的代码，在代码区的第 3 行增加包含“intrins.h”头文件和定义无符号整型的两个预处理命令。

步骤 4　定义 ds 位寻址变量，定义 xsd、cla、clb 无符号字节型变量，定义 temp 无符号整型变量，定义 delayx()延时函数。

步骤 5　定义 b20reset()函数（用于 DS18B20 复位）。

5．定义 DS18B20 读写函数

步骤 6　定义 b20Rbit()函数（用于从 DS18B20 读 1bit 数据）。

步骤 7　定义 b20Rbyte()函数（用于从 DS18B20 读 1Byte 数据）。

步骤 8　定义 b20Wbyte()函数（用于向 DS18B20 写 1Byte 数据）。

步骤 9　定义 b20Set()函数（复位 DS18B20，并向其写入启动温度转换指令）。

6．定义温度值读取相关函数和主函数

步骤 10　定义 b20Get()函数（从 DS18B20 获取温度值，并根据温度值正负设置温度值显示标记）。

步骤 11　为显示温度值而修改 main()函数代码。

步骤 12　将新建文件保存为“DS18B20 编程实训.c”并添加到项目中，然后设定输出位置，完成项目程序文件的编译链接。

步骤 13　用 STC 烧录软件打开项目的 HEX 文件并下载到单片机中，其运行结果如图 4-3 所示。

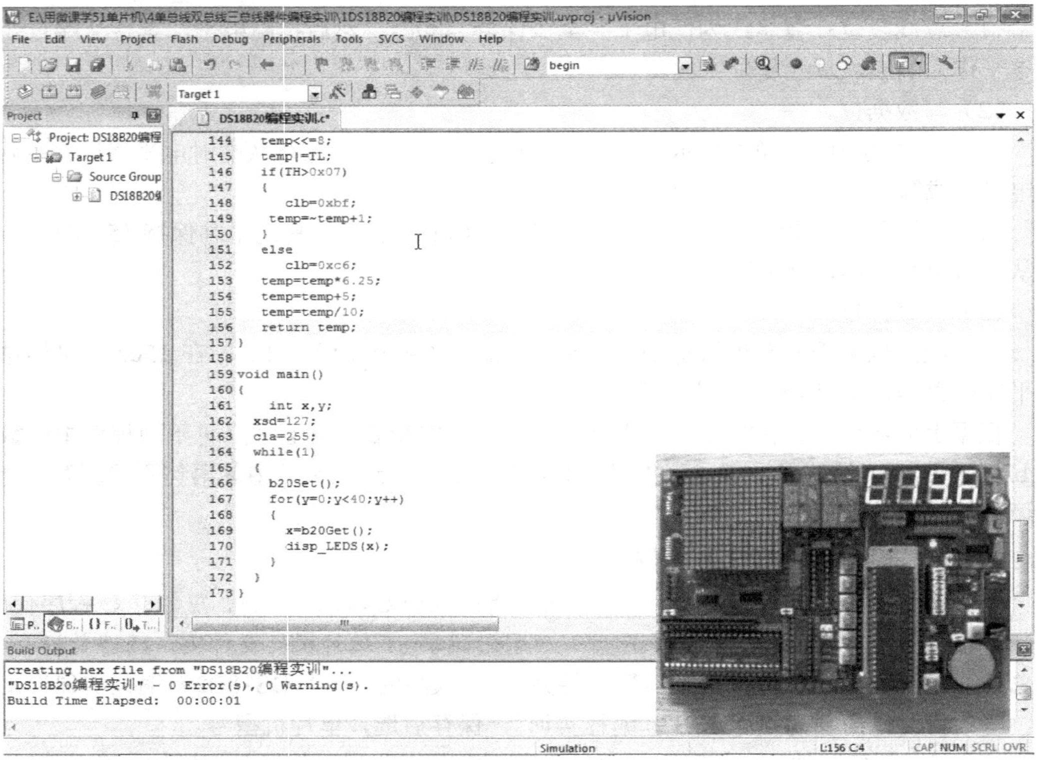

图 4-3　实训程序运行结果

本实训任务的源程序如下。

```
//
#include"reg52.h"
#include"intrins.h"
#define uchar unsigned char
#define uint unsigned int

sbit qw=P2^0;
sbit bw=P2^1;
sbit sw=P2^2;
sbit gw=P2^3;
sbit ds=P1^0;

uchar xsd=255,cla=0,clb=255;
uint temp;

void delayx(uint z)
{
    uint x,y;
    for(x=z;x>0;x--)
       for(y=110;y>0;y--);
}
```

```
void delay()
{
    int x;
    for(x=0;x<250;x++)
        ;
}

void disp_LEDS(int m)
{
    int n;
     uchar code num[10]={0xc0,0xf9,0xa4,0xb0,0x99,0x92,0x82,0xf8,0x80,0x90};

    //
    n=m/1000;
    P0=num[n];
    P0=P0|cla;
    P0=P0&clb;
    qw=0;
    delay();
    qw=1;

    //
    n=m/100%10;
    P0=num[n];
    bw=0;
    delay();
    bw=1;

   //
    n=m/10%10;
    P0=num[n];
    P0=P0&xsd;
    sw=0;
    delay();
    sw=1;

    //
    n=m%10;
    P0=num[n];
    gw=0;
    delay();
    gw=1;
}

void b20reset()
{
    uchar i;
```

```
    ds=0;
    for(i=1;i<110;i++);
    ds=1;
    for(i=1;i<110;i++);
}

bit b20Rbit()      //读1位（比特）函数
{
    bit dat;
    ds=0;
    _nop_();       //调用系统提供的空操作函数，用空操作时间来形成时序所需脉冲宽度
    ds=1;
    _nop_();       //调用系统提供的空操作函数，用空操作时间来形成时序所需脉冲宽度
    dat=ds;        //读取单总线上的1位数据
    return dat;    //向调用者返回读取的1位数据
}

uchar b20Rbyte()                 //读1字节函数
{
   uchar i,j,dat;
    dat=0;
   for(i=1;i<9;i++)              //循环8次而组合为1字节
    {
       j=b20Rbit();              //调用读1位函数所得返回值来赋值
         dat=(j<<7)|(dat>>1);    //1位1位地进行组合
    }
    return dat;                  //向调用者返回整理而得的1字节数据
}

void b20Wbyte(uchar dat)         //写1字节函数
{
    uint i;
    uchar j;
    bit testb;
    for(j=1;j<9;j++)             //将写1位操作循环8次构成1字节
    {
       testb=dat&0x01;           //得到最低位数据
        dat=dat>>1;              //次低位右移成最低位
        if(testb)
         {
            ds=0;
            _nop_();             //调用系统提供的空操作函数，用空操作时间来形成时序
                                 //所需脉冲宽度
            ds=1;
            _nop_();             //调用系统提供的空操作函数，用空操作时间来形成
                                 //时序所需脉冲宽度
           for(i=1;i<9;i++);
```

```
        }
        else
        {
            ds=0;
            for(i=1;i<9;i++);   //用空循环形成所需延时，把单总线上的数据写入
            ds=1;
            _nop_();            //调用系统提供的空操作函数，用空操作时间来形成
                                //时序所需脉冲宽度

        }
    }
}

void b20Set()                   //设置DS18B20的工作流程
{
    b20reset();                 //调用复位操作
    delayx(1);                  //适当延时
    b20Wbyte(0xcc);             //写入DS18B20的工作指令
    b20Wbyte(0x44);             //写入DS18B20的工作指令
}

uint b20Get()                   //获取DS18B20的温度值
{
    uchar TH,TL;
    b20reset();                 //复位DS18B20
    delayx(1);                  //延时
    b20Wbyte(0xcc);             //写入DS18B20工作指令
    b20Wbyte(0xbe);             //写入DS18B20工作指令
    TL=b20Rbyte();              //读取DS18B20温度值（低8位）
    TH=b20Rbyte();              //读取DS18B20温度值（高8位）
    temp=TH;                    //填上温度高8位值
    temp<<=8;                   //左移到高8位段位
    temp|=TL;                   //填上温度低8位值
    if(TH>0x07)                 //如果值为负数
    {
      clb=0xbf;                 //clb为“-”号设置
      temp=~temp+1;             //补码取反
    }
    else
     clb=0xc6;                  //clb为“C”符设置
      temp=temp*6.25;           //整理成十进制小数
      temp=temp+5;
      temp=temp/10;
      return temp;              //向调用者返回温度值
}

void main()
{
```

```
        int x,y;
        xsd=127;                        //设置成有小数点显示
        cla=255;                        //设置成无小数点显示
        while(1)
        {
            b20Set();                   //设置DS18B20工作流程
            for(y=0;y<40;y++)
            {
                x=b20Get();             //获取DS18B20的温度值
                disp_LEDS(x)            //显示温度值
        }
    }
}
```

任务 2　AT24C0X 编程实训

1. AT24C0X 的引脚及其与单片机的连接

AT24C0X 是 IIC 总线接口的 EEPROM，具有价格低廉、连线简单和可反复擦写等优点，在单片机系统中可方便地解决掉电数据保存问题。

AT24C0X 的引脚如图 4-4 所示，它与单片机的连接如图 4-5 所示。

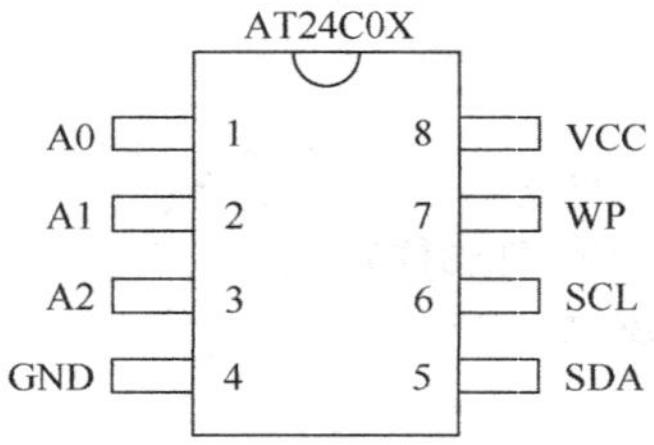

图 4-4　AT24C0X 的引脚

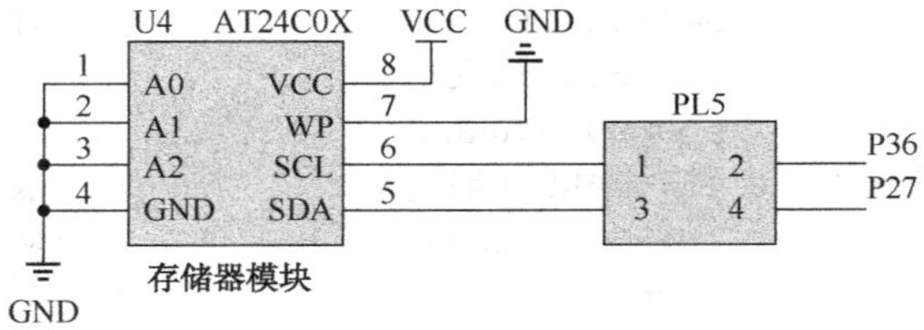

图 4-5　AT24C0X 与单片机的连接

各引脚功能如下。

1、2、3（A0、A1、A2）——器件地址设置端。

4（GND）——电源负（地）。

5（SDA）——串行数据输入/输出端。

6（SCL）——串行时钟输入端。在引脚信号的上升沿，系统将 SDA 线上的数据写入 AT24C0X；在下降沿，器件将其中存储的数据输出到 SDA 线上。

7（WP）——写保护端，当其为高电平时，只可以对其进行读操作；当其为低电平时，可以对其进行写和读操作。

8（VCC）——电源正。

2. AT24C0X 的操作时序

为了保证数据传送的可靠性，IIC 总线的数据传送有严格的时序要求。在传送数据时，必须确认传送数据的开始和结束。在 IIC 总线技术协议中规定，当 SCL 为高电平（1 电平）

时，SDA 由高电平（1 电平）跳变为低电平（0 电平），形成“开始”（也称“启动”）信号；当 SCL 为高电平（1 电平）时，SDA 发生由低电平（0 电平）到高电平（1 电平）的跳变，形成“结束”（也称“停止”）信号。启动信号和停止信号都由主器件产生。

主器件发出启动信号后，必须接着发送 SLA 寻址字节，于是在 IIC 总线上的每一个从器件都将 SLA 中高 7 位的地址和自己的地址进行比较，如果相同，则知道自己正被主器件寻址，进而根据 R/W 位确定自己是接收器还是发送器。

IIC 总线协议规定，每传送一字节（地址字节或数据字节）后，都要有一个应答信号。应答信号的时钟脉冲由主器件产生，即在时钟脉冲的高电平期间释放（送高电平）SDA，而从器件在这个时钟脉冲内必须向 SDA 传送低电平，以产生有效的应答信号。另外特别规定，当主器件为接收方时，主器件对最后一字节不应答，以向发送器件表示数据传送结束。

主器件在发出寻址字节并得到应答后，便可进行数据传输，每次一字节，获得应答后，再传输下一字节。

在全部数据传输完成后，主器件发停止信号，即在时钟信号为高电平期间，让 SDA 产生从低电平跳变成高电平的上升沿脉冲信号。

3．创建项目、定义变量及初始化函数

步骤 1　在 Keil 编程环境中，打开“数码管的四位数显示”项目，复制其 C 程序代码。

步骤 2　新建项目，依次打开 E 盘→“用微课学 51 单片机”→“4 单总线双总线三总线器件编程实训”文件夹，再新建并打开“2AT24C0X 编程实训”文件夹，将项目文件命名为“AT24C0X 编程实训”，保存后选择单片机型号。

步骤 3　新建文件，在新文件编辑区粘贴所复制的代码，在代码区的第 4 行增加宏定义无符号整型的预处理命令，在第 10、11 行定义双总线的位寻址变量 sda、scl。

步骤 4　在第 13～16 行定义 delay0()延时函数，用于设置读写 AT24C0X 的操作所需延时。

步骤 5　在第 59～65 行定义 AT24C0X_init()函数，用于初始化 AT24C0X。

4．定义 AT24C0X 读写函数

步骤 6　在第 67～77 行定义 start()函数，用于启动从指定地址写入指定数据流程。

步骤 7　在第 79～87 行定义 stop()函数，用于暂停从指定地址写入指定数据流程。

步骤 8　在第 89～107 行定义 writeByte()函数，用于在当前位置写入各种数据。

步骤 9　在第 109～129 行定义 readByte()函数，返回类型为 uchar，用于读取当前数据。

步骤 10　在第 131～140 行定义 respons()函数。

步骤 11　在第 142～155 行定义 AT24C0X_read()函数，返回类型为 uchar，用于以函数形参为指定地址读取并返回所存储的数据。

步骤 12　在第 157～167 行定义 AT24C0X_write()函数，该函数有两个 uchar 形参，用第一个形参指定写入的地址，用第二个形参指定写入的数据。

步骤 13　修改 main()主函数代码，代码中先定义相关变量和初始化 AT24C0X，再用循环向其写入 255 个数据（255～1），最后用无限循环依次读出 255 个写入的数据。

步骤 14 将新建文件保存为“AT24C0X 编程实训.c”并添加到项目中，然后设定输出位置，完成项目程序文件的编译链接。

步骤 15 用 STC 烧录软件打开项目的 HEX 文件并下载到单片机上运行，运行结果如图 4-6 所示。

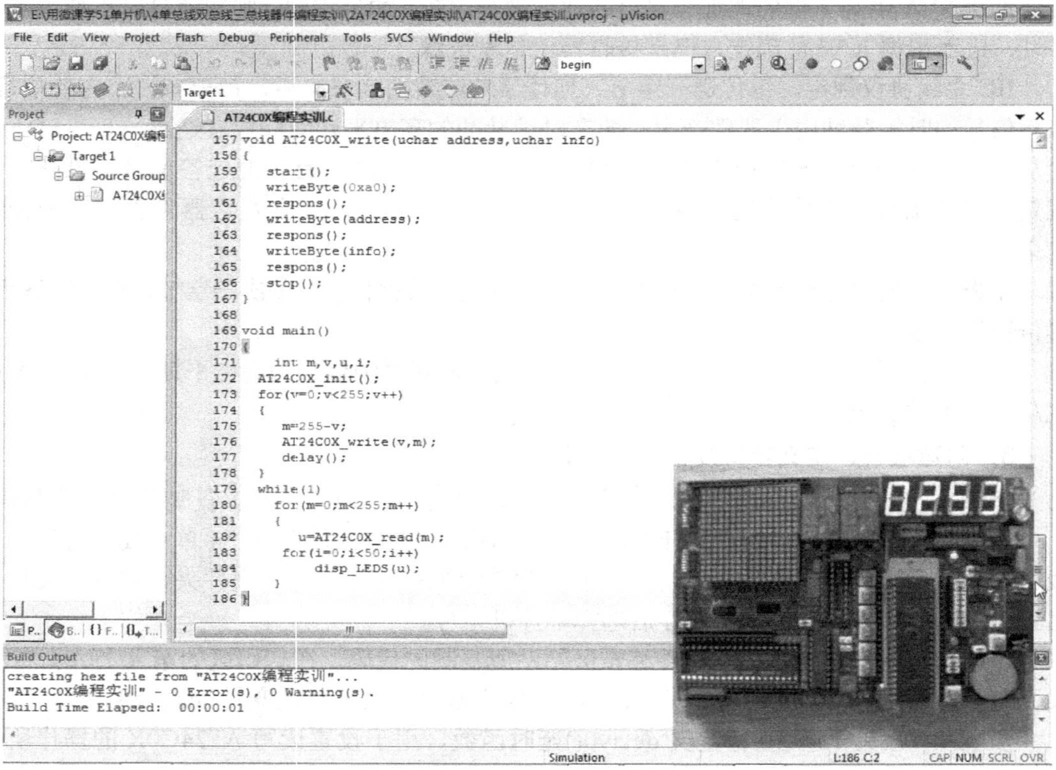

图 4-6 程序运行结果

AT24C0X 编程实训源程序如下。

```
//
#include"reg52.h"
#define uchar unsigned char
#define uint unsigned int

sbit qw=P2^0;
sbit bw=P2^1;
sbit sw=P2^2;
sbit gw=P2^3;
sbit sda=P2^7;
sbit scl=P3^6;

void delay0()                  //读写AT24C0X的专用延时函数
{
   ; ;
}
```

```
void delay()
{
    int x;
    for(x=0;x<250;x++)
        ;
}

void disp_LEDS(int m)
{
    int n;
    uchar code num[10]={0xc0,0xf9,0xa4,0xb0,0x99,0x92,0x82,0xf8,0x80,0x90};

    //
    n=m/1000;
    P0=num[n];
    qw=0;
    delay();
    qw=1;

    //
    n=m/100%10;
    P0=num[n];
    bw=0;
    delay();
    bw=1;

    //
    n=m/10%10;
    P0=num[n];
    sw=0;
    delay();
    sw=1;

    //
    n=m%10;
    P0=num[n];
    gw=0;
    delay();
    gw=1;
}

void AT24C0X_init()                    //初始化AT24C0X
{
    scl=1;
    delay0();
    sda=1;
```

```
    delay0();
}

void start()                              //启动IIC总线
{
    sda=1;
    delay0();
    scl=1;
    delay0();
    sda=0;
    delay0();
    scl=0;
    delay0();
}

void stop()                               //停止IIC总线
{
    sda=0;
    delay0();
    scl=1;
    delay0();
    sda=1;
    delay0();
}

void writeByte(uchar by)                  //写1字节
{
    uchar i,temp;
    temp=by;
    for(i=0;i<8;i++)
    {
        temp=temp<<1;
        scl=0;
        delay0();
        sda=CY;
        delay0();
        scl=1;
        delay0();
    }
    scl=0;
    delay0();
    sda=1;
    delay0();
}

uchar readByte()                          //读1字节
{
```

```
    uchar i,j,k=0;
    scl=0;
    delay0();
    sda=1;
    for(i=0;i<8;i++)
    {
        delay0();
        scl=1;
        delay0();
        if(sda==1)
            j=1;
        else
            j=0;
        k=(k<<1)|j;
        scl=0;
    }
    delay0();
    return k;
}

void respons()                                  //限时等候应答
{
    uchar i=0;
    scl=1;
    delay0();
    while((sda==1)&&(i<255))
        i++;
    scl=0;
    delay0();
}

uchar AT24C0X_read(uchar address)     //从指定地址读取1字节
{
    uchar i;
    start();
    writeByte(0xa0);
    respons();
    writeByte(address);
    respons();
    start();
    writeByte(0xa1);
    respons();
    i=readByte();
    return i;
}

void AT24C0X_write(uchar address,uchar info)     //写入1字节到指定地址
```

```
{
    start();
    writeByte(0xa0);
    respons();
    writeByte(address);
    respons();
    writeByte(info);
    respons();
    stop();
}

void main()
{
    int m,v,u,i;
    AT24C0X_init();
    for(v=0;v<255;v++)
    {
        m=255-v;
        AT24C0X_write(v,m);
        delay();
    }
    while(1)
        for(m=0;m<255;m++)
        {
            u=AT24C0X_read(m);
            for(i=0;i<50;i++)
            disp_LEDS(u);
        }
}
```

任务 3 DS1302 编程实训

1. DS1302 的引脚及其与单片机的连接

DS1302 是 51 单片机系统中常用的日历时钟芯片。该芯片可提供秒、分、时、日、月、星期和年信息。DS1302 与单片机之间能方便地采用同步串行的方式进行通信。它和单片机的连接仅需 3 根线：RST（复位）、DATA（双向数据）、SCLK（串行时钟）。DS1302 的引脚如图 4-7 所示，它与单片机的连接如图 4-8 所示。

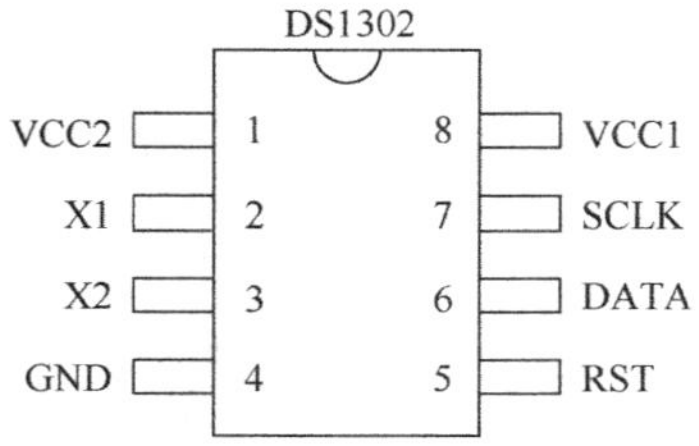

图 4-7 DS1302 的引脚

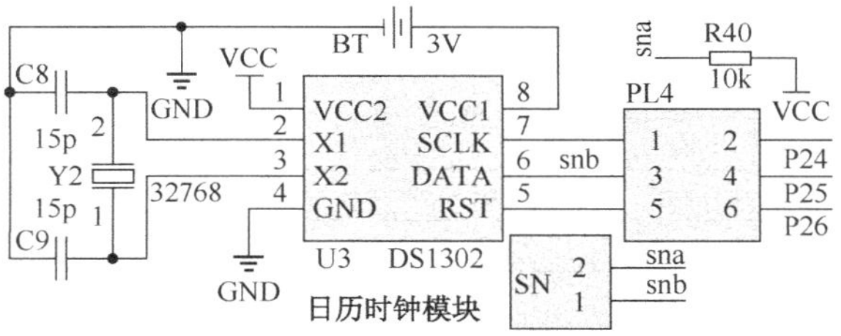

图 4-8　DS1302 与单片机的连接

DS1302 各引脚的功能见表 4-3。

表 4-3　DS1302 各引脚的功能

引 脚 序 号	引 脚 名 称	功 能 说 明
1	VCC2	主电源引脚
2	X1	外接 32768Hz 晶振引脚
3	X2	外接 32768Hz 晶振引脚
4	GND	地
5	RST	复位
6	DATA	串行数据（双向）
7	SCLK	串行时钟
8	VCC1	后备电源引脚

在单片机开发板上，DS1302 与 STC89C52 的连接如下：DS1302 的第 7 脚（SCLK）与 STC89C52 的 P2.4 相连，DS1302 的第 6 脚（DATA）与 STC89C52 的 P2.5 相连，DS1302 的第 5 脚（RST）与 STC89C52 的 P2.6 相连。

2．DS1302 的读写操作和内部结构

在单片机系统中，DS1302 的作用主要是设置（写入）初始时间和获取（读出）当前时间。对 DS1302 的读写操作要在严格的复位信号和时钟信号的配合下完成。单片机和 DS1302 之间的通信协议规定：在无数据传输时，SCLK 必须保持低电平，只有在 SCLK 为低电平时，才能将 RST 置为高电平。通过将 DS1302 的 RST 置为高电平来启动所有数据传输。在时钟 SCLK 的上升沿将数据写入 DS1302，而在时钟 SCLK 的下降沿从 DS1302 中读出数据。传输数据时，低位（bit0）在前，高位（bit7）在后。将 RST 置为低电平，则禁止数据传输。在对 DS1302 进行编程时，必须遵从上述规定。

对 DS1302 进行编程就是对 DS1302 中与时间信息相关的各寄存器进行读写。DS1302 中与时间信息相关的寄存器见表 4-4。

表 4-4　DS1302 中与时间信息相关的寄存器

寄存器名称	命 令 字		取 值 范 围	各 位 名 称							
	写	读		7	6	5	4	3	2	1	0
秒寄存器	80H	81H	00～59	CH	10SEC			SEC			
分寄存器	82H	83H	00～59	0	10MIN			MIN			
小时寄存器	84H	85H	01～12，00～23	12/24	0	AP	HR	HR			
日寄存器	86H	87H	01～28，29，30，31	0	0	10DATE		DATE			
月寄存器	88H	89H	01～12	0	0	0	10M	MONTH			

续表

寄存器名称	命令字		取值范围	各位名称							
	写	读		7	6	5	4	3	2	1	0
星期寄存器	8AH	8BH	01～07	0	0	0	0	0	DAY		
年寄存器	8CH	8DH	01～99	10YEAR				10YEAR			
写保护寄存器	8EH	8FH		WP	0	0	0	0	0	0	0

在编程过程中，通过对 DS1302 写入命令字来实现对某寄存器的读或写操作。例如，要读出当前时间的秒值，需要先向 DS1302 写入命令字 0x81，然后才能从秒寄存器读取数据；如果要设置秒的初始值，需要先向 DS1302 写入命令字 0x80，然后才能向秒寄存器写入初始值。为了保证各时间信息寄存器的写入操作的合法性，DS1302 中专门设置了一个写保护寄存器，写保护寄存器的低 7 位总为 0，最高位 WP 用来设定是禁止还是允许对 DS1302 的写入，WP 为 0 则允许写入，WP 为 1 则禁止写入。

3. 创建项目及定义变量和数组

步骤 1 在 Keil 编程环境中，打开“百分钟内任意定时器”项目，复制其 C 程序代码。

步骤 2 新建项目，依次打开 E 盘→“用微课学 51 单片机”→“4 单总线双总线三总线器件编程实训”文件夹，再新建并打开“3DS1302 编程实训”文件夹，将项目文件命名为“DS1302 编程实训”，保存后选择单片机型号。

步骤 3 新建文件，在新文件编辑区粘贴所复制的代码，在代码区的第 4 行增加宏定义无符号整型的预处理命令，在第 15、16、17 行定义 SCLK、DATA、RST，在第 19 行定义无符号字节型变量 hour、minute、sbj，在第 20 行定义无符号字节型数组 Utime[]。

步骤 4 在第 44 行增加对 P0 的与逻辑运算，以形成闪烁的小数点，并将原第 64～84 行的 T0 定时器中断服务函数全部删除。

4. 定义各专用函数

步骤 5 在第 64～74 行定义 Wbit1302()函数，用于将形参分解成二进制位写入 DS1302。

步骤 6 在第 76～85 行定义 Wbyte1302()函数，通过调用 Wbit1302()函数，将两个形参依次写入 DS1302。

步骤 7 在第 87～99 行定义 Rbit1302()函数，返回类型为 uchar，循环从总线上读数据。

步骤 8 在第 101～114 行定义 Rbyte1302()函数，返回类型为 uchar，从形参指定的地址调用 Rbit1302()函数，读取数据。

步骤 9 在第 116～128 行定义 Puts1302()函数，功能是把时间数组数据写入相关寄存器。

步骤 10 在第 130～139 行定义 Get1302()函数，功能是从相关寄存器读数据来写入数组。

5. 定义时分设置相关函数

步骤 11 删除原定时器 T0 的中断服务函数，将外中断 1 的服务函数函数头“void set_mm_ss() interrupt 2”修改为外中断 0 的服务函数函数头“void set_hh_mm() interrupt 0”。函数体中，要用 hour（时变量）取代 second（秒变量），将原调整“分”和“秒”的有关代码修改成调整“时”和“分”的代码。须注意，用按键调整“时”数，其调节范围为 0～23；用按键调整“分”数，其调节范围为 0～59，具体过程参照配书视频。另外，在函数体末尾，增加用 hour 和 minute 两变量对时间数组元素的赋值语句。最后，还要把时间数组各元素的值写入 DS1302 日历时钟内部寄存器。

步骤 12　在 main()函数中，增加无符号整型变量的定义，增加中断设置和开中断语句，删除有关定时器中断的语句，增加实时显示 DS1302 日历时钟的时、分的语句。

步骤 13　将新建文件保存为“DS1302 编程实训.c”并添加到项目中，然后设定输出位置，完成项目程序文件的编译链接。

步骤 14　用 STC 烧录软件打开项目的 HEX 文件并下载到单片机上运行，其运行结果如图 4-9 所示。

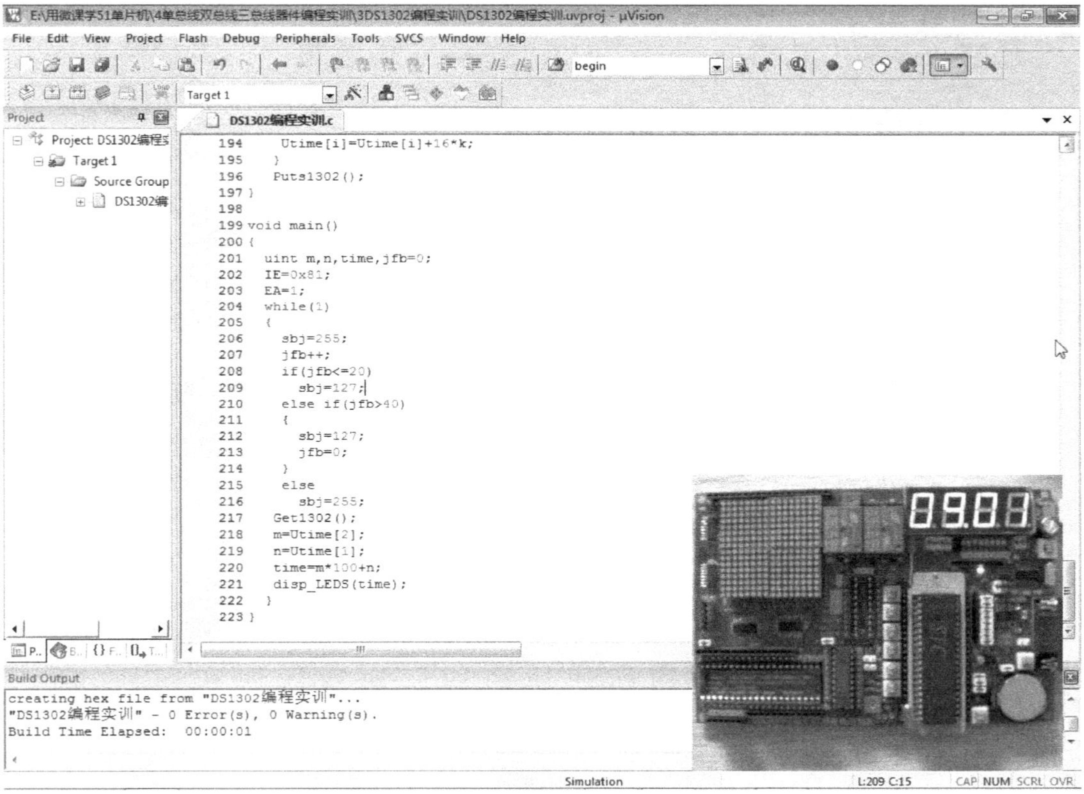

图 4-9　程序运行结果

DS1302 编程实训源程序如下。

```
//
#include"reg52.h"
#define uchar unsigned char
#define uint unsigned int

sbit qw=P2^0;
sbit bw=P2^1;
sbit sw=P2^2;
sbit gw=P2^3;
sbit ds=P2^7;
```

```
sbit s3=P1^1;
sbit s4=P1^2;
sbit s5=P1^3;
sbit s6=P1^4;
sbit SCLK=P2^4;
sbit DATA=P2^5;
sbit RST=P2^6;

uchar hour,minute,sbj=255;
uchar Utime[7]={56,48,21,8,01,05,18};

void delay()
{
   int x;
   for(x=0;x<250;x++)
       ;
}

void disp_LEDS(int m)
{
    int n;
    uchar code num[10]={0xc0,0xf9,0xa4,0xb0,0x99,0x92,0x82,0xf8,0x80,0x90};

    //
    n=m/1000;
    P0=num[n];
    qw=0;
    delay();
    qw=1;

    //
    n=m/100%10;
    P0=num[n];
    P0=P0&sbj;                    //处理小数点，模拟秒点
    bw=0;
    delay();
    bw=1;

    //
    n=m/10%10;
    P0=num[n];
    sw=0;
    delay();
    sw=1;

   //
    n=m%10;
```

```
        P0=num[n];
        gw=0;
        delay();
        gw=1;
    }

    void Wbit1302(uchar dat) //把1字节分解成8个二进制位写入
    {
        uchar i;
        for(i=0;i<8;i++)          //循环8次（就是8次写入）
        {
            SCLK=0;               //时钟为低电平，为形成上升沿做准备
            DATA=dat&0x01;        //把数据dat的最低位用逻辑与运算取出来放到DATA线上
            SCLK=1;               //时钟变为高电平，其上升沿实现写入
            dat>>=1;              //把数据dat右移1位，形成新的最低位待下次写入
        }
    }

    void Wbyte1302(uchar Cmd,uchar dat)  //指定寄存器Cmd的字节写入函数
    {
        RST=0;                    //为形成上升沿做准备
        SCLK=0;                   //只有当SCLK为低电平时，才能将RST置为高电平
        RST=1;                    //启动所有数据传输
        Wbit1302(Cmd);            //调用位写入函数写入命令字，以指定寄存器
        Wbit1302(dat);            //调用位写入函数写入数据字到指定的寄存器
        SCLK=1;
        RST=0;                    //终止数据传输
    }

    uchar Rbit1302()
    {
        uchar i,dat;
        for(i=0;i<8;i++)
        {
            SCLK=0;                    //拉低SCLK，形成脉冲下降沿读出数据
            dat>>=1;                   //将dat各数据位右移1位（最高位移入0），
                                       //因为先读出的是字节的最低位
            if(DATA==1)                //如果数据线为1
                dat|=0x80;             //dat最高位就为1
            SCLK=1;                    //将SCLK置于高电平，为产生下降沿做准备
        }
        return dat;                    //将读出的数据返回
    }

    uchar Rbyte1302(uchar Cmd)    //读字节函数
    {
        uchar dat,k;
```

```
    RST=0;
    SCLK=0;                        //只有当SCLK为低电平时，才能将RST置为高电平
    RST=1;                         //启动数据传输
    Wbit1302(Cmd);                 //写入命令字，指定寄存器
    dat=Rbit1302();                //从指定的寄存器读取数据
    SCLK=1;
    RST=0;                         //禁止数据传输
    k=dat/16;
    dat=dat%16+k*10;
    return dat;                    //把读出的数据返回给调用者
}

void Puts1302()                    //把时间数组Utime[]各元素值写入DS1302
{
    uchar i,j;
    uchar ucAddr=0x80;             //指定写秒
    Wbyte1302(0x8e,0x00);          //允许写入操作
    for(i=0;i<7;i++)               //循环7次以依次写入秒、分、时、日、月、星期、
                                   //年寄存器
    {
        j=Utime[i];                     //将时间数组元素值赋给写入变量
            Wbyte1302(ucAddr,j);        //将写入变量值写入指定寄存器
            ucAddr+=2;                  //寄存器升位
    }
   Wbyte1302(0x8e,0x80);                //禁止写入
}

void Get1302()                          //读DS1302各寄存器值装入Utime[]数组
{
    uchar i;
    uchar ucAddr=0x81;                  //指定读秒
    for(i=0;i<7;i++)                    //循环7次以依次读秒、分、时、日、月、星期、
                                        //年寄存器
    {
        Utime[i]=Rbyte1302(ucAddr);          //把读取的寄存器值赋给时间数组元素
        ucAddr+=2;                           //寄存器升位
    }
}

set_mm_ss()interrupt 0                       //用外中断0服务函数设置DS1302的时、分值
{
    int n,k,i;
    minute=59;
    hour=23;
    while(s6)
    {
      if(s3==0)                              //判定s3按键
```

```
        {                          //进入按下处理
          delay();                 //延时再判
         if(s3==0)
         {                         //确认按下处理
           hour++;
           if(hour>23)
              hour=0;
        }
     }

     if(s4==0)                     //判定s4按键
     {                             //进入按下处理
        delay();                   //延时再判
        if(s4==0)
      {                            //确认按下处理
          minute++;
          if(minute>59)
           minute=0;
        }
     }

     if(s5==0)                     //判定s5按键
     {                             //进入按下处理
        delay();                   //延时再判
        if(s5==0)
        {                          //确认按下处理
           minute--;
         if(minute==-1)
           minute=59;
        }
     }

     for(i=0;i<30;i++)             //循环30次
     {
        n=hour*100+minute;         //组合成四位数
        disp_LEDS(n);              //显示设置的数据
     }
  }
  Utime[0]=56;                     //将秒值设为56
  Utime[1]=minute;
  Utime[2]=hour;
  for(i=0;i<7;i++)                 //7次循环
  {
     k=Utime[i]/10;                //数据整理
     Utime[i]=Utime[i]%10;
     Utime[i]=Utime[i]+16*k;
  }
```

```
    Puts1302();              //写入DS1302
}

void main()
{
    uint m,n,time,jfb=0;
    IE=0x81;                 //打开总中断及允许外中断0的中断请求
    EA=1;                    //打开总中断，在这里已没有必要，因上一语句已经打开
    while(1)
    {
        sbj=255;
        jfb++;
        if(jfb<=20)
            sbj=127;
        else if(jfb>40)
        {
            sbj=127;
            jfb=0;
        }
        else
            sbj=255;             //关闭秒点（小数点）
            Get1302();           //读DS1302的时间值
            m=Utime[2];          //时值
            n=Utime[1];          //分值
            time=m*100+n;
            disp_LEDS(time);     //显示时间
    }
}
```

任务 4　三总线器件和单总线器件整合应用编程

将“DS1302 的编程实训.c”和“DS18B20 编程实训.c”整合到同一个文件中，使程序正常运行时，四位数码管显示基于 DS1302 日历时钟的小时数和分钟数，每隔一定时间，进入定时器 T0 中断服务程序；在中断服务时间内，显示 DS18B20 采集到的温度值；中断返回后，显示日历时钟的小时数和分钟数。

整合方法：把“DS18B20 编程实训.c”文件的全部文本复制到“DS1302 的编程实训.c”文件中，将 DS18B20 程序中的 main()函数更名为定时器 T0 的中断服务函数，并在函数末尾增加给 T0 赋初值的语句，在 DS1302 程序的 main()函数中添加关于定时器 T0 的中断设置语句。注意，粘贴导致出现两个相同的变量定义、函数定义，可以删掉一个，保留一个。

步骤 1　在 Keil 编程环境中，打开“DS1302 编程实训”项目，将项目的 C 程序代码全部复制。

步骤 2　新建项目，依次打开 E 盘→“用微课学 51 单片机”→“4 单总线双总线三总线器件编程实训”文件夹，新建并打开“4DS1302 和 DS18B20 整合编程”文件夹，将项目文件命名为“DS1302 和 DS18B20 整合编程实训”，保存后选择单片机型号。

步骤 3　新建文件，在新文件编辑区粘贴所复制的代码，在粘贴所得代码中第 2 行后增加“#include"intrins.h"”预处理命令，修改 ds 的定义为“sbit ds=P1^0;”。

步骤 4　在任务栏上单击文件夹图标，打开 E 盘，直到打开“1DS18B20 编程实训”文件夹，右击“DS18B20 编程实训.c”文件并选择用“记事本”打开，打开后复制定义无符号类型的两条语句和 delayx()函数。

步骤 5　转回 Keil 编程环境，在第 22 行进行粘贴，然后将第 23 行修改为“uint temp,ctime=0;”。接下来，在粘贴后的第 47 行，即千位显示代码中，增加对 P0 进行逻辑运算的两条语句，以显示温度的“C”字符。同样，在第 63 行后增加对 P0 的逻辑运算语句，以显示温度数值中的小数点。

步骤 6　转回打开的“记事本“窗口，将对 DS18B20 的所有操作函数和 main()函数全部复制。

步骤 7　转回 Keil 编程环境，在主函数前面进行粘贴，并把粘贴得来的主函数函数头改为“void B20main() interrupt 1”，然后修改为如下形式：

```
void B20main() interrupt 1
{
    int x,y,i;
    i=20;
    ctime++;
    if(ctime>=150)
    {
      xsd=127;
      cla=255;
      clb=0xc6;
      sbj=255;
      while(i--)
      {
        b20Set();
        for(y=0;y<40;y++)
        {
            x=b20Get();
            disp_LEDS(x);
            }
            }
            xsd=255;
            cla=0;
            clb=255;
            ctime=0;
            TH0=15536/256;
            TL0=15536%256;
            }
}
```

步骤 8 接下来，把 main()函数修改成如下形式：

```
void main()
{
    uint m,n,time,jfb=0;
    IE=0x8f;
    IP=0x03;
    TMOD=0x01;
    TH0=15536/256;
    TL0=15536%256;
    TR0=1;
     EA=1;
     while(1)
     {
        sbj=255;
        jfb++;
        if(jfb<=20)
          sbj=127;
        else if(jfb>40)
        {
           sbj=127;
           jfb=0;
        }
        else
          sbj=255;
      Get1302();
      m=Utime[2];
      n=Utime[1];
      time=m*100+n;
      disp_LEDS(time);
        }
}
```

步骤 9 将编辑结果保存为“DS1302 和 DS18B20 整合编程实训.c”文件，再将其添加到项目中，然后进行项目的编译链接，将生成的 HEX 文件用 STC 烧录软件打开并下载到单片机上运行。可以看到，单片机运行时，时间和温度在交替显示。

本任务的源程序是本项目任务 7 源程序的一部分。

任务 5 单总线、双总线、三总线器件组合体应用编程

本任务在前一任务程序的基础上，把 AT24C0X 程序的代码添加进去。当然，相同的函数和变量就不用再添加了。添加完成后，程序运行时就先执行 AT24C0X 相关代码，即首先显示一个数及三对组合数，然后交替显示时间和温度。

步骤 1 在 Keil 编程环境中，打开“DS1302 和 DS18B20 整合编程实训”项目，将项目的 C 程序代码全部复制。

步骤 2　新建项目，依次打开 E 盘→“用微课学 51 单片机”→“4 单总线双总线三总线器件编程实训”文件夹，新建并打开“5DS1302 和 DS18B20 及 AT24C0X 整合编程”文件夹，将项目文件命名为“DS1302 和 DS18B20 及 AT24C0X 整合编程实训”，保存后选择单片机型号。

步骤 3　新建文件，在新文件编辑区粘贴所复制的代码。

步骤 4　在任务栏上单击文件夹图标，打开 E 盘，直到打开“2AT24C0X 编程实训”文件夹，右击“AT24C0X 编程实训.c”文件并选择用“记事本”打开，打开后复制定义位寻址变量 sda、scl 及函数 delay0()的代码。

步骤 5　转到 Keil 编程环境，在第 24 行进行粘贴，然后在第 20 行增加 z 变量的定义，在第 21 行后增加定义数组的语句“uchar idata hhmm[121];”。

步骤 6　转到“记事本“窗口，将 AT24C0X 所有操作函数代码全部复制。

步骤 7　转到 Keil 编程环境，在主函数 main()前面进行粘贴，然后在主函数中增加无符号整型变量 i 和 j 的定义，并在 while 循环前增加如下代码：

```
AT24C0X_init();
for(i=0;i<121;i++)
   hhmm[i]=AT24C0X_read(i);
z=6;
m=hhmm[0];
for(i=0;i<60;i++)
  disp_LEDS(m);
    for(i=1;i<=z;i=i+2)
    {
        m=hhmm[i];
        n=hhmm[i+1];
        time=m*100+n;
        for(j=0;j<60;j++)
           disp_LEDS(time);
    }
```

步骤 8　将编辑结果保存为“DS1302 和 DS18B20 及 AT24C0X 整合编程实训.c”文件，再将其添加到项目中，然后进行项目的编译链接，将生成的 HEX 文件用 STC 烧录软件打开并下载到单片机上运行。可以看到，单片机运行时，首先显示 AT24C0X 中存储的前 7 个数，然后才轮流显示时间和温度。这就说明读写 AT24C0X 的相关代码已在整合程序中正常运行。

本任务的源程序是本项目任务 7 源程序的一部分。

任务 6　三件组合体实时温度控制编程

步骤 1　进入 Keil 编程环境，打开“DS1302 和 DS18B20 及 AT24C0X 整合编程实训”项目，复制“DS1302 和 DS18B20 及 AT24C0X 整合编程实训.c”文件全部代码。

步骤 2 新建项目，依次打开 E 盘→“用微课学 51 单片机”→“4 单总线双总线三总线器件编程实训”文件夹，新建并打开“6 三件组合体实时温度控制编程”文件夹，将项目命名为“三件组合体实时温度控制编程实训”，保存后选择单片机品牌和型号。

步骤 3 新建文件，在新文件编辑区粘贴所复制的代码，在第 18 行后增加 4 行以定义 kg1=P1^5，kg2=P1^6，kg3=P1^7，kg4=P3^5。

步骤 4 修改定时器 T0 中断服务函数，在其代码中，增加对超温和欠温的检查和处理。修改后定时器 T0 中断服务函数的代码如下：

```
void B20main() interrupt 1
{
    int x,y,i,max,min;
    i=20;
    min=hhmm[2]*10+hhmm[1];
    max=hhmm[4]*10+hhmm[3];
    ctime++;
    if(ctime>=150)
    {
      xsd=127;
      cla=255;
      clb=0xc6;
      sbj=255;
      while(i--)
      {
        b20Set();
        for(y=0;y<40;y++)
        {
            x=b20Get();
            if(x<min)
              kg1=1;
            else
              kg1=0;
            if(x>max)
              kg2=1;
            else
              kg2=0;
            disp_LEDS(x);
            }
            }
            xsd=255;
            cla=0;
            clb=255;
            ctime=0;
            TH0=15536/256;
            TL0=15536%256;
            }
}
```

步骤 5　复制外中断 0 服务函数的全部代码，在主函数 main()前面粘贴，并将其修改为外中断 1 服务函数，修改而成的外中断 1 服务函数如下：

```
setData()interrupt 2
{
   int n,k,i;
   uchar v=1,w=1;
   ET0=0;
   k=0;
   minute=59;
   hour=23;
   while(1)
   {
      if(s3==0)
      {
         delay();
         if(s3==0)
         {
            k=1,hour++;
            if(hour>23)
               hour=0;
         }
      }

      if(s4==0)
      {
         delay();
         if(s4==0)
         {
            k=1,minute++;
            if(minute>59)
               minute=0;
         }
      }

      if(s5==0)
      {
         delay();
         if(s5==0)
         {
            k=1,minute--;
            if(minute==-1)
               minute=59;
         }
      }

      if(k==1)
      {
```

```
            if(s6==0)
            {
                delay();
                if(s6==0)
                {
                   k=0;
                   AT24C0X_write(v,hour);
                   delay();
                   v++;
                   AT24C0X_write(v,minute);
                   delay();
                   v++;
                   AT24C0X_write(0,w);
                   delay();
                   w++;
                }
            }
         }

         for(i=0;i<30;i++)
         {
             n=hour*100+minute;
             disp_LEDS(n);
         }
      }
   }
```

步骤 6 修改 main()函数，以增加程序的相关初始设置，修改后如下：

```
   void main()
   {
      uint m,n,i,j,time,jfb=0;
      kg1=0;kg2=0;kg3=0;kg4=0;
      IE=0x8f;
      IP=0x03;
      TMOD=0x01;
      TH0=15536/256;
      TL0=15536%256;
      TR0=1;
      AT24C0X_init();
      for(i=0;i<121;i++)
         hhmm[i]=AT24C0X_read(i);
      z=6;
      m=hhmm[0];
      for(i=0;i<60;i++)
         disp_LEDS(m);
       for(i=1;i<=z;i=i+2)
       {
          m=hhmm[i];
```

```
        n=hhmm[i+1];
        time=m*100+n;
        for(j=0;j<60;j++)
          disp_LEDS(time);
     }
     EA=1;
     while(1)
     {
       sbj=255;
       jfb++;
       if(jfb<=20)
         sbj=127;
       else if(jfb>40)
       {
         sbj=127;
         jfb=0;
       }
       else
         sbj=255;
      Get1302();
      m=Utime[2];
      n=Utime[1];
      time=m*100+n;
      disp_LEDS(time);
        }
  }
```

步骤 7 代码编辑完成后，将其保存为“三件组合体实时温度控制编程实训.c”文件并添加到项目中，然后选择输出位置。

步骤 8 进行编译链接，把项目的 HEX 文件用 STC 烧录软件下载到单片机中运行。根据室内温度 *t*，设置欠温值（要小于 *t*）和超温值（要略大于 *t*），用手指触摸 DS18B20，就可演示欠温、不欠不超、超温的实时温度报控功能，参见本任务视频。

本任务的源程序是本项目任务 7 源程序的一部分。

任务 7 三件组合体实时时间控制编程

步骤 1 进入 Keil 编程环境，打开“三件组合体实时温度控制编程实训”项目，复制“三件组合体实时温度控制编程实训.c”文件中的全部代码。

步骤 2 新建项目，打开 E 盘→“用微课学 51 单片机”→“4 单总线双总线三总线器件编程实训”文件夹，新建并打开“7 三件组合体实时时间控制编程”文件夹，将项目命名为“三件组合体实时时间控制编程实训”，保存后选择单片机品牌和型号。

步骤 3 新建文件，在文件编辑区粘贴所复制的代码，在 disp_LEDS()函数前面增加 check()函数的定义，其定义如下：

```
void check()
{
  uchar m,n;
  int max,min,time;
  n=0;
  z=hhmm[0]*2;
  for(m=5;m<=16;m+=4)
  {
    min=hhmm[m]*100+hhmm[m+1];
    max=hhmm[m+2]*100+hhmm[m+3];
    time=Utime[2]*100+Utime[1];
    if(time>=min&&time<=max)
    {kg3=1;break;}
    else
      kg3=0;
  }

  for(m=17;m<=z;m=m+2)
   if((hhmm[m+1]==Utime[1]&&hhmm[m]==Utime[2])&&Utime[0]<=15)
   {kg4=1;break;}
   else
    kg4=0;
}
```

步骤 4 将 disp_LEDS()函数中的 4 条调用 delay()函数语句，全部改为调用 check()函数语句。

步骤 5 在 main()函数中，将“z=6;”语句修改为“z=hhmm[0]*2;”。

步骤 6 将代码保存为“三件组合体实时时间控制编程实训.c”文件并添加到项目中，然后选择输出位置。将程序编译链接后，用 STC 烧录软件打开项目的 HEX 文件并下载到单片机上运行。

步骤 7 这个程序有两路实时时间控制和一路温度控制功能。温度控制的第一个功能是欠温控制，实际温度低于设定温度就报警；第二个功能是超温控制，实际温度高于设定温度就报警。时间控制以 24h 为周期。第一路时间控制为时间段控制，程序只安排了三段，每段用开始值和结束值来确定，约定开始值必须小于结束值。第二路时间控制为时间点控制，以时间点上那一分钟的前 20s 为时效。数据设置约定第 1 个值为欠温值，第 2 个值为超温值，第 3 个值为第一个时间段的开始值，第 4 个值为第一个时间段的结束值，第 5、6、7、8 个值分别是第二、三个时间段的开始值和结束值，第 9 个值是时间点值。每个值都用四位数表示，每个值都用两个数组元素存储。

下面以实操视频为例，说明程序的检测过程。首先按外中断 1 按键，进入数据设置操作。按 S3 键使左边两位数显示“00”，按 S5 键使右边两位数显示“35”，再按 S6 键，这就设定了欠温值为 35.0，再将左边两位数调为“03”，右边两位数调为“35”，按 S6 键，这就设定了超温值为 35.3，即左边两位数只取末位为温度值的十分位。然后调整左边两位数显示“06”，右边两位数显示“00”，再按 S6 键，这就设定了第一个时间段的开始值为 6 点整；将右边两位数调为“02”后按 S6 键，这就设定了第一个时间段的结束值为 6 点 02

分。将右边两位数调为“04”后按 S6 键，这就设定了第二个时间段的开始值为 6 点 04 分；将右边两位数调为“07”后按 S6 键，这就设定了第二个时间段的结束值为 6 点 07 分。将右边两位数调为“09”后按 S6 键，这就设定了第三个时间段的开始值为 6 点 09 分；将右边两位数调为“10”后按 S6 键，这就设定了第三个时间段的结束值为 6 点 10 分。至此，一共按了 8 次 S6 键，存储了 8 个四位数，8 个四位数依次形成 4 对数，第一对数用于温度控制，后三对数用于时间段的控制。程序约定必须这样设置前 8 个四位数。此后输入的数全部作为时间点的值，没有成对的安排。后续输入的四位数依次是 0611、0609、0607、0605、0603、0602、0600，然后按外中断 0 按键，调整四位数显示“0558“后，按 S6 键，就设定了 DS1302 从 5 点 58 分开始计时。按单片机的复位键，程序重新启动运行，首先显示“0015”，表示存储数据为 15 个四位数，再按设置顺序依次显示这 15 个数，此后才进入实时温控时控运作。欠温报警灯为右边红色发光管，超温报警灯为中间红色发光管，时间段内的控制灯为左边红色发光管，时间点上的控制灯为绿色发光管。

三件组合体实时温控时控源程序如下。

```
//
#include"reg52.h"
#include"intrins.h"
#define uchar unsigned char
#define uint unsigned int

sbit qw=P2^0;
sbit bw=P2^1;
sbit sw=P2^2;
sbit gw=P2^3;
sbit ds=P1^0;
sbit s3=P1^1;
sbit s4=P1^2;
sbit s5=P1^3;
sbit s6=P1^4;
sbit SCLK=P2^4;
sbit DATA=P2^5;
sbit RST=P2^6;
sbit kg1=P1^5;
sbit kg2=P1^6;
sbit kg3=P1^7;
sbit kg4=P3^5;
uchar z,hour,minute,sbj=255;
uchar Utime[7]={56,48,21,8,01,05,18};
uchar idata hhmm[121];
uchar xsd=255,cla=0,clb=255;
uint temp,ctime=0;
sbit sda=P2^7;
sbit scl=P3^6;

void delay0()
```

```
{
   ; ;
}

void delayx(uint z)
{
    uint x,y;
    for(x=z;x>0;x--)
      for(y=110;y>0;y--);
}

void check()
{
   uchar m,n;
   int max,min,time;
   n=0;
   z=hhmm[0]*2;
   for(m=5;m<=16;m+=4)
   {
     min=hhmm[m]*100+hhmm[m+1];
     max=hhmm[m+2]*100+hhmm[m+3];
     time=Utime[2]*100+Utime[1];
     if(time>=min&&time<=max)
     {kg3=1;break;}
     else
        kg3=0;
   }

   for(m=17;m<=z;m=m+2)
     if((hhmm[m+1]==Utime[1]&&hhmm[m]==Utime[2])&&Utime[0]<=15)
     {kg4=1;break;}
     else
       kg4=0;
}

void delay()
{
   int x;
   for(x=0;x<250;x++)
       ;
}

void disp_LEDS(int m)
{
    int n;
    uchar code num[10]={0xc0,0xf9,0xa4,0xb0,0x99,0x92,0x82,0xf8,0x80,0x90};
```

```
    //
    n=m/1000;
    P0=num[n];
    P0=P0|cla;
    P0=P0&clb;
    qw=0;
    check();
    delay();
    qw=1;

    //
    n=m/100%10;
    P0=num[n];
    P0=P0&sbj;
    bw=0;
    check();
    delay();
    bw=1;

    //
    n=m/10%10;
    P0=num[n];
    P0=P0&xsd;
    sw=0;
    check();
    delay();
    sw=1;

    //
    n=m%10;
    P0=num[n];
    gw=0;
    check();
    delay();
    gw=1;
}

void Wbit1302(uchar dat)
{
    uchar i;
    for(i=0;i<8;i++)
    {
        SCLK=0;
        DATA=dat&0x01;
        SCLK=1;
        dat>>=1;
    }
```

```
}

void Wbyte1302(uchar Cmd,uchar dat)
{
    RST=0;
    SCLK=0;
    RST=1;
    Wbit1302(Cmd);
    Wbit1302(dat);
    SCLK=1;
    RST=0;
}

uchar Rbit1302()
{
   uchar i,dat;
   for(i=0;i<8;i++)
   {
       SCLK=0;
       dat>>=1;
       if(DATA==1)
         dat|=0x80;
       SCLK=1;
   }
   return dat;
}

uchar Rbyte1302(uchar Cmd)
{
    uchar dat,k;
    RST=0;
    SCLK=0;
    RST=1;
    Wbit1302(Cmd);
    dat=Rbit1302();
    SCLK=1;
    RST=0;
    k=dat/16;
    dat=dat%16+k*10;
    return dat;
}

void Puts1302()
{
   uchar i,j;
   uchar ucAddr=0x80;
   Wbyte1302(0x8e,0x00);
```

```
    for(i=0;i<7;i++)
    {
       j=Utime[i];
       Wbyte1302(ucAddr,j);
       ucAddr+=2;
    }
    Wbyte1302(0x8e,0x80);
}

void Get1302()
{
     uchar i;
     uchar ucAddr=0x81;
     for(i=0;i<7;i++)
     {
         Utime[i]=Rbyte1302(ucAddr);
         ucAddr+=2;
     }
}

set_mm_ss()interrupt 0
{
    int n,k,i;
    minute=59;
    hour=23;
    while(s6)
    {
       if(s3==0)
       {
           delay();
           if(s3==0)
           {
              hour++;
              if(hour>23)
                 hour=0;
           }
       }

        if(s4==0)
       {
           delay();
           if(s4==0)
           {
              minute++;
              if(minute>59)
                 minute=0;
           }
```

```
        }

         if(s5==0)
        {
            delay();
            if(s5==0)
            {
               minute--;
               if(minute==-1)
                  minute=59;
            }
        }

        for(i=0;i<30;i++)
        {
            n=hour*100+minute;
            disp_LEDS(n);
        }
    }
    Utime[0]=56;
    Utime[1]=minute;
    Utime[2]=hour;
    for(i=0;i<7;i++)
    {
       k=Utime[i]/10;
       Utime[i]=Utime[i]%10;
       Utime[i]=Utime[i]+16*k;
    }
    Puts1302();
}

void b20reset()
{
     uchar i;
     ds=0;
     for(i=1;i<110;i++);
     ds=1;
     for(i=1;i<110;i++);
}

bit b20Rbit()
{
   bit dat;
   ds=0;
   _nop_();
   ds=1;
   _nop_();
```

```
    dat=ds;
    return dat;
}

uchar b20Rbyte()
{
    uchar i,j,dat;
    dat=0;
    for(i=1;i<9;i++)
    {
        j=b20Rbit();
        dat=(j<<7)|(dat>>1);
    }
    return dat;
}

void b20Wbyte(uchar dat)
{
    uint i;
    uchar j;
    bit testb;
    for(j=1;j<9;j++)
    {
        testb=dat&0x01;
        dat=dat>>1;
        if(testb)
        {
            ds=0;
            _nop_();
             ds=1;
            _nop_();
            for(i=1;i<9;i++);
        }
        else
        {
            ds=0;
            for(i=1;i<9;i++);
            ds=1;
            _nop_();
        }
    }
}

void b20Set()
{
    b20reset();
    delayx(1);
```

```
    b20Wbyte(0xcc);
    b20Wbyte(0x44);
}

uint b20Get()
{
    uchar TH,TL;
     b20reset();
    delayx(1);
    b20Wbyte(0xcc);
    b20Wbyte(0xbe);
    TL=b20Rbyte();
    TH=b20Rbyte();
    temp=TH;
    temp<<=8;
    temp|=TL;
    if(TH>0x07)
    {
       clb=0xbf;
       temp=~temp+1;
    }
    else
       clb=0xc6;
     temp=temp*6.25;
     temp=temp+5;
     temp=temp/10;
     return temp;
}

void B20main() interrupt 1
{
     int x,y,i,max,min;
     i=20;
     min=hhmm[2]*10+hhmm[1];
     max=hhmm[4]*10+hhmm[3];
     ctime++;
     if(ctime>=150)
     {
       xsd=127;
       cla=255;
       clb=0xc6;
       sbj=255;
       while(i--)
       {
         b20Set();
         for(y=0;y<40;y++)
         {
```

```
            x=b20Get();
            if(x<min)
              kg1=1;
            else
              kg1=0;
            if(x>max)
              kg2=1;
            else
              kg2=0;
            disp_LEDS(x);
            }
            }
            xsd=255;
            cla=0;
            clb=255;
            ctime=0;
            TH0=15536/256;
            TL0=15536%256;
            }
}

void AT24C0X_init()
{
   scl=1;
   delay0();
   sda=1;
   delay0();
}

void start()
{
    sda=1;
    delay0();
    scl=1;
    delay0();
    sda=0;
    delay0();
    scl=0;
    delay0();
}

void stop()
{
   sda=0;
   delay0();
   scl=1;
   delay0();
```

```
    sda=1;
    delay0();
}

void writeByte(uchar by)
{
    uchar i,temp;
    temp=by;
    for(i=0;i<8;i++)
    {
        temp=temp<<1;
        scl=0;
        delay0();
        sda=CY;
        delay0();
        scl=1;
        delay0();
    }
    scl=0;
    delay0();
    sda=1;
    delay0();
}

uchar readByte()
{
    uchar i,j,k=0;
    scl=0;
    delay0();
    sda=1;
    for(i=0;i<8;i++)
    {
        delay0();
        scl=1;
        delay0();
        if(sda==1)
            j=1;
        else
            j=0;
        k=(k<<1)|j;
        scl=0;
    }
    delay0();
    return k;
}

void respons()
```

```
{
   uchar i=0;
   scl=1;
   delay0();
   while((sda==1)&&(i<255))
      i++;
   scl=0;
   delay0();
}

uchar AT24C0X_read(uchar address)
{
   uchar i;
   start();
   writeByte(0xa0);
   respons();
   writeByte(address);
   respons();
   start();
   writeByte(0xa1);
   respons();
   i=readByte();
   return i;
}

void AT24C0X_write(uchar address,uchar info)
{
   start();
   writeByte(0xa0);
   respons();
   writeByte(address);
   respons();
   writeByte(info);
   respons();
   stop();
}

setData()interrupt 2
{
   int n,k,i;
   uchar v=1,w=1;
   ET0=0;
   k=0;
   minute=59;
   hour=23;
   while(1)
   {
```

```
if(s3==0)
{
   delay();
   if(s3==0)
   {
      k=1,hour++;
      if(hour>23)
         hour=0;
   }
}

 if(s4==0)
{
   delay();
   if(s4==0)
   {
      k=1,minute++;
      if(minute>59)
         minute=0;
   }
}

 if(s5==0)
{
   delay();
   if(s5==0)
   {
      k=1,minute--;
      if(minute==-1)
         minute=59;
   }
}

if(k==1)
{
  if(s6==0)
  {
     delay();
     if(s6==0)
     {
        k=0;
        AT24C0X_write(v,hour);
        delay();
        v++;
        AT24C0X_write(v,minute);
        delay();
        v++;
```

```
                AT24C0X_write(0,w);
                delay();
                w++;
             }
          }
       }

       for(i=0;i<30;i++)
       {
          n=hour*100+minute;
          disp_LEDS(n);
       }
    }
}

void main()
{
    uint m,n,i,j,time,jfb=0;
    kg1=0;kg2=0;kg3=0;kg4=0;
    IE=0x8f;
    IP=0x03;
    TMOD=0x01;
    TH0=15536/256;
    TL0=15536%256;
    TR0=1;
    AT24C0X_init();
    for(i=0;i<121;i++)
      hhmm[i]=AT24C0X_read(i);
    z=hhmm[0]*2;
    m=hhmm[0];
    for(i=0;i<60;i++)
      disp_LEDS(m);
     for(i=1;i<=z;i=i+2)
     {
        m=hhmm[i];
        n=hhmm[i+1];
        time=m*100+n;
        for(j=0;j<60;j++)
          disp_LEDS(time);
     }
     EA=1;
     while(1)
     {
       sbj=255;
       jfb++;
       if(jfb<=20)
         sbj=127;
```

```
            else if(jfb>40)
            {
              sbj=127;
              jfb=0;
            }
            else
             sbj=255;
            Get1302();
            m=Utime[2];
            n=Utime[1];
            time=m*100+n;
            disp_LEDS(time);
        }
    }
```

这里，以 AT24C0X 编程实训中的 9 个专用函数为例，分析函数间的调用关系。先把该任务中的 9 个专用函数分别用矩形框来表示，然后把这 9 个函数一个一个地按调用关系进行连线。就是从主调函数矩形框起笔，画一条箭头线连接到被调函数矩形框。若是调用同一函数两次以上，仍只画一条箭头线，但把总的调用次数用数字标注在箭头线的始端，循环中调用的，要按总的循环次数进行统计。要把每一个函数都视为主调函数来检索有关函数调用语句。对这 9 个函数都检索并画线完毕后，就可得到完整但比较零乱的调用路线草图，应把它重画成有条理的路线图。这时应分成几层来画。分层时，把没有被任何其他函数调用的函数矩形框放在最上层，没有调用任何一个函数的函数矩形框放在最下层，再按草图上的连接箭头线，画出规范化的函数调用路线图。经过分析和整理，可得到如图 4-10 所示的 AT24C0X 专用函数调用路线图。

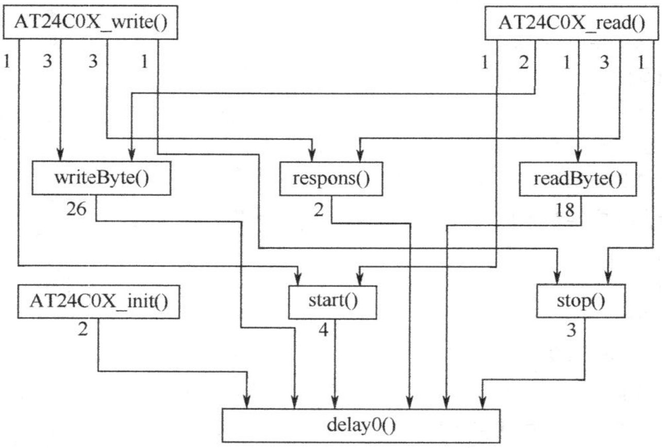

图 4-10 AT24C0X 专用函数调用路线图

根据这一调用路线图，我们就能在理论上进一步掌握程序中读出和写入 AT24C0X 的执行细节。

在学习对 AT24C0X 等器件的编程时，能够对 9 个函数的每一条语句都了如指掌是最好的，但这需要一个学习过程。就应用编程的要求而言，只要能掌握顶层两个函数的功能和调用格式，正确读、写 AT24C0X 存储器即可。至于顶层的两个函数如何具体地调用下层函数，下层函数又如何执行具体操作等细节过程，暂时可以不管。也就是说，先要从对AT24C0X编程的整体格局上去掌握编程的要领。换言之，即使对其余7个函数都理解得很差，但只要能掌握顶层那两个函数的调用格式，就能在程序中成功实现对AT24C0X的写入和读出。

因此，在程序设计中，当需要对AT24C0X等器件编程时，只要把这9个专用函数全部添加到程序中，就能非常方便地实现对AT24C0X等串行EEPROM的编程。需要把数据写入AT24C0X时，就用AT24C0X_write带两个实参（地址、数据）进行调用；需要从AT24C0X中读出数据时，就用AT24C0X_read带一个实参（地址）进行调用并取其返回值。当然，主调函数在调用这两个函数前，要先调用一次初始化函数AT24C0X_init()。

项目五

LED16×16 点阵汉字显示编程

LED16×16 点阵汉字显示基本电路如图 5-1 所示。这个电路是 16 行扫描格式，即 16 行发光二极管依次快速发光，基于人眼的视觉暂留特性，人们会看到其所形成的汉字。

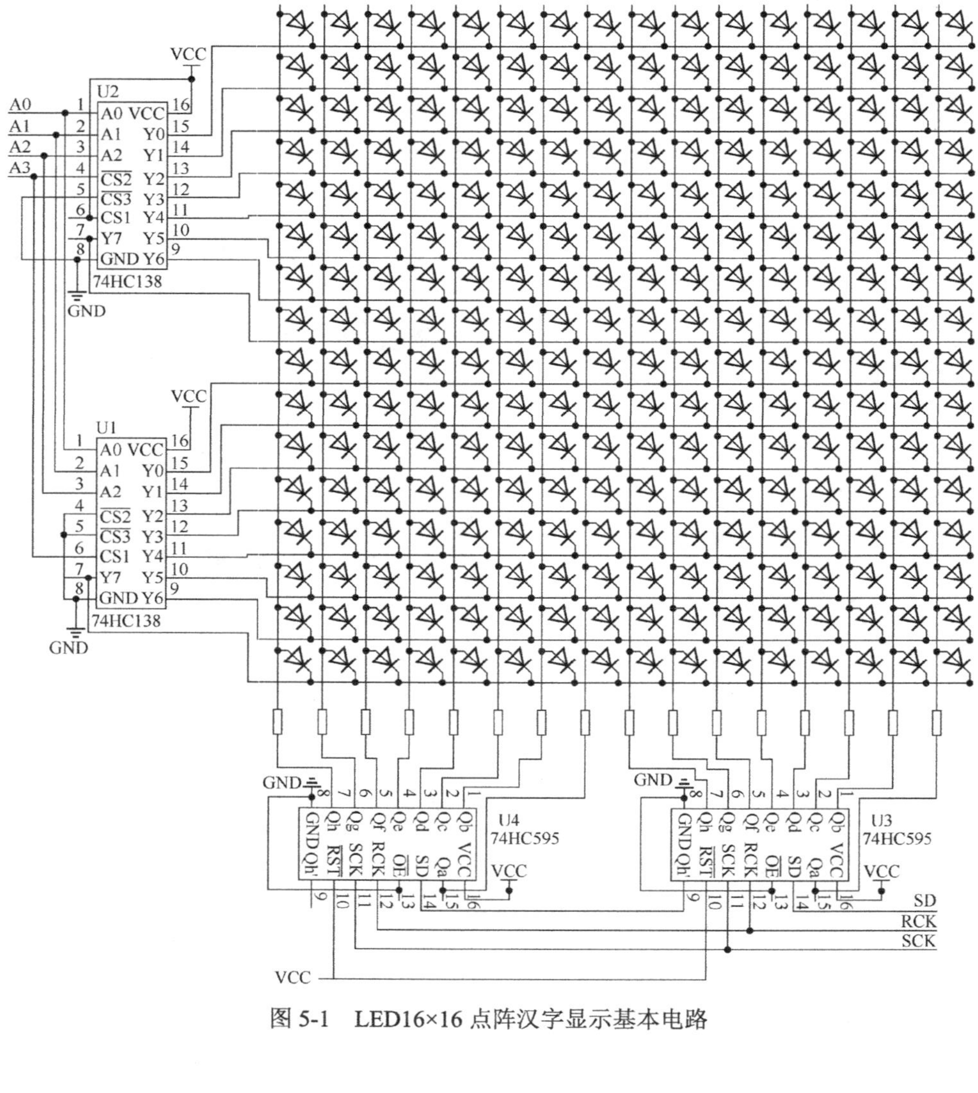

图 5-1　LED16×16 点阵汉字显示基本电路

这个 LED16×16 点阵汉字显示模块由两个 74HC138 形成 16 行扫描驱动，这就需要单片机程序提供 16 行扫描的 A0～A3 地址驱动；由两个 74HC595 提供 16 列驱动信号，这就需要单片机程序提供串行数据 SD、串行移位时钟 RCK、并行输出锁存时钟 SCK。

按图 5-1 所示，用 256 个发光二极管来安装 LED16×16 点阵电路，可以成功，但相当麻烦。本书单片机开发板上用 4 个 SZ420778K 点阵部件来代替 256 个发光二极管。

任务 1　点阵数据直用型 LED16×16 点阵汉字显示编程实训

直用型汉字显示是指程序中每一个汉字需要的点阵数据，就是从汉字字库中取得的 32 字节十六进制点阵数据。转换型汉字显示是指程序中需要的汉字点阵数据，从汉字字库取出后已被专用程序预先做了特殊处理，可加快单片机汉字显示速度。

接下来，参照配书视频，按如下步骤，完成本任务。

步骤 1　在 Keil 编程环境中，打开 E 盘→“用微课学 51 单片机”文件夹，然后新建并打开“5LED16 乘 16 点阵汉字显示编程”文件夹，再新建文件夹“1 点阵数据直用型 LED16 乘 16 点阵汉字显示编程”并打开，将项目命名为“点阵数据直用型 LED16 乘 16 点阵汉字显示编程实训”，保存后选择单片机品牌和型号。

步骤 2　新建文件，在代码编辑区输入项目程序代码，在输入了关于“科”字那行注释后，单击任务栏上的“开始”菜单，在“开始”菜单中打开“计算机”，再打开 E 盘→“汉字点阵数据获取”文件夹，运行“取 1 个汉字点阵”应用程序，并输入“科”字后回车，如图 5-2 所示。

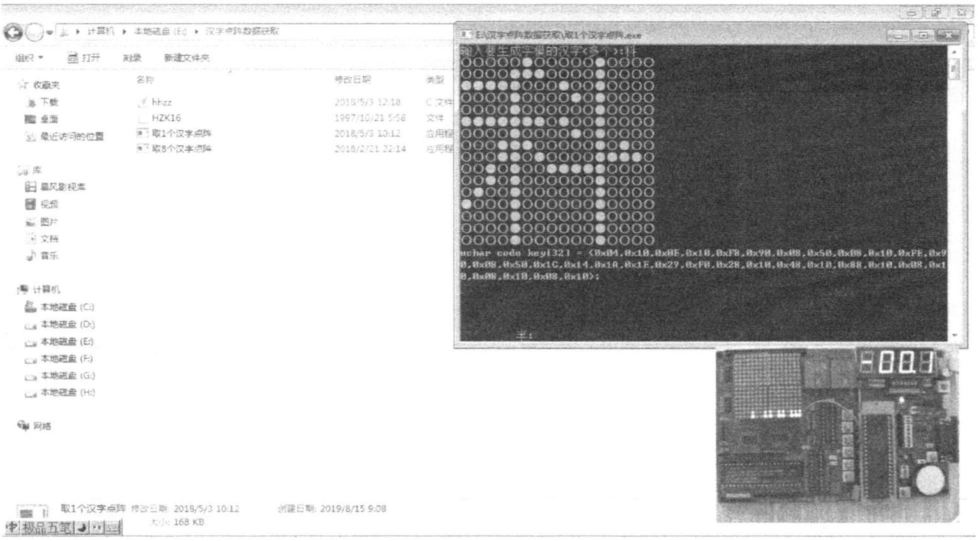

图 5-2　获取“科”字的点阵数据

步骤 3　关闭图 5-2 中的“取 1 个汉字点阵”应用程序，在“汉字点阵数据获取”文件夹中可看到新增了“hhzz.c”文件，将其文件名改为“科.c”，然后右击“科.c”文件，在右键菜单中选择“打开方式”→“记事本”选项，然后在“记事本”文本编辑区中，复制所保存的 32 个十六进制数据，如图 5-3 所示。

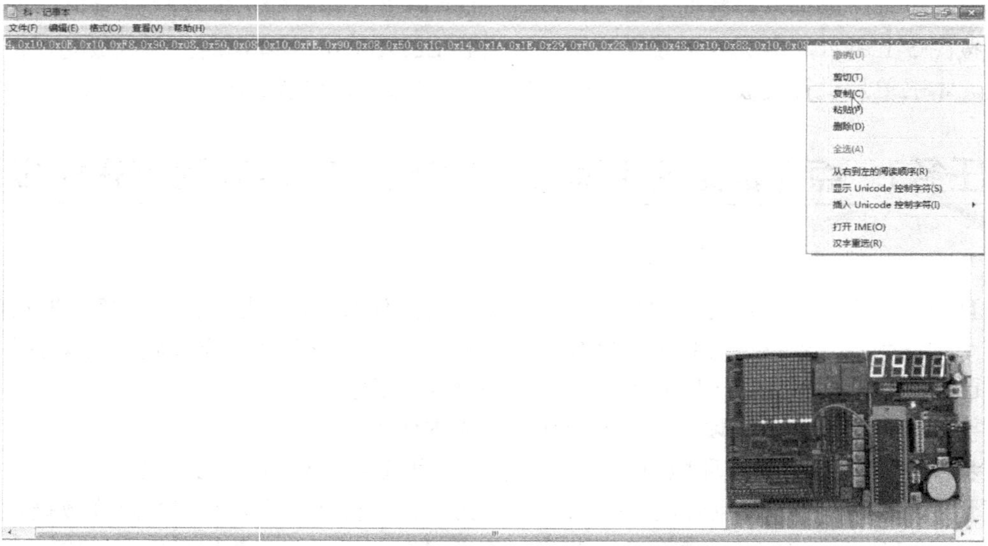

图 5-3　复制汉字点阵的 32 个十六进制数据

步骤 4　将复制的内容粘贴到程序代码中，并调整粘贴后的代码，如图 5-4 所示。

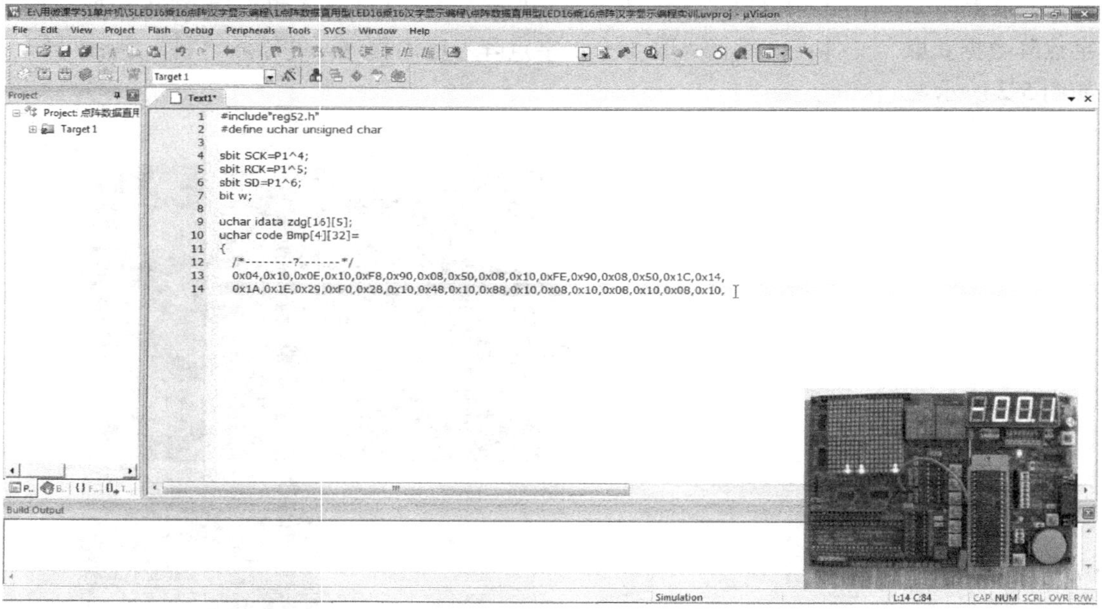

图 5-4　在代码中粘贴 32 个十六进制数据并调整粘贴后的代码

步骤 5　打开“汉字点阵数据获取”文件夹，再次运行“取 1 个汉字点阵”应用程序，并输入“学”字后回车，应用程序将显示“学”字的点阵数据。关闭“取 1 个汉字点阵”应用程序，在“汉字点阵数据获取”文件夹中又看到新增了“hhzz.c”文件，将其文件名改为“学.c”，然后右击“学.c”文件，在右键菜单中选择“打开方式”→“记事本”选项，然后在“记事本”文本编辑区中，将所保存的 32 个十六进制数据复制并粘贴到程序代码中。

步骤 6　打开“汉字点阵数据获取”文件夹，再次运行“取 1 个汉字点阵”应用程序，并输入“发”字后回车，应用程序将显示“发”字的点阵数据。关闭“取 1 个汉字点阵”应用程序，在“汉字点阵数据获取”文件夹中看到新增了“hhzz.c”文件，将其文件名改为“发.c”，然后右击“发.c”文件，在右键菜单中选择“打开方式”→“记事本”选项，然后在“记事本”文本编辑区中，将所保存的 32 个十六进制数据复制并粘贴到程序代码中。

步骤 7　打开“汉字点阵数据获取”文件夹，再次运行“取 1 个汉字点阵”应用程序，并输入“展”字后回车，应用程序将显示“展”字的点阵数据。关闭“取 1 个汉字点阵”应用程序，在“汉字点阵数据获取”文件夹中看到新增了“hhzz.c”文件，将其文件名改为“展.c”，然后右击“展.c”文件，在右键菜单中选择“打开方式”→“记事本”选项，然后在“记事本”文本编辑区中，将所保存的 32 个十六进制数复制并粘贴到程序代码中。如图 5-5 所示，“科学发展”四个汉字的点阵数据已经添加到程序代码中。

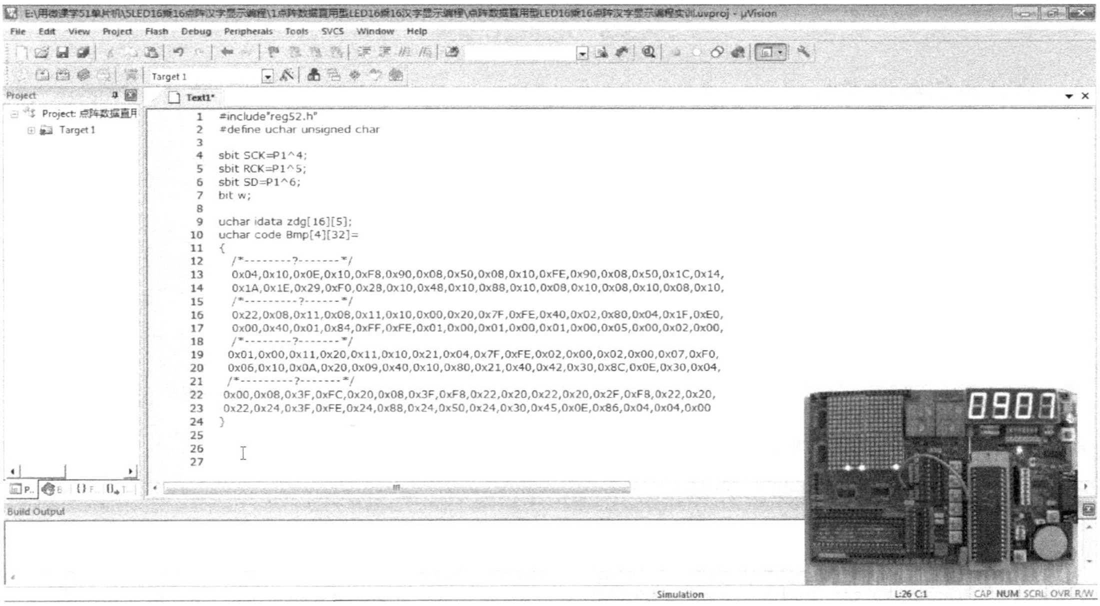

图 5-5　“科学发展”四个汉字的点阵数据已经添加到程序代码中

步骤 8　输入 LED_hz()函数的全部代码。

步骤 9　输入 main()函数的全部代码。

步骤 10　将代码文件保存为“点阵数据直用型 LED16 乘 16 点阵汉字显示编程实训.c”，然后将其添加到项目中，设置输出位置。

步骤 11　进行编译链接后，用 STC 烧录软件打开项目的 HEX 文件并将其下载到单片机上运行。程序运行结果如图 5-6 所示。

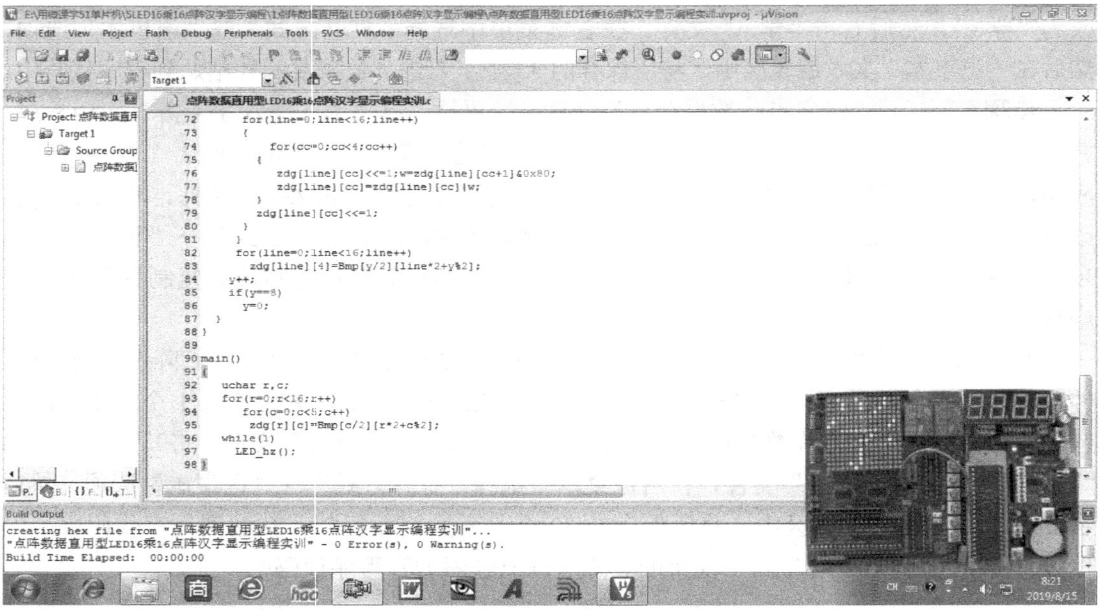

图 5-6　程序运行结果

本任务的源程序如下。

```
#include"reg52.h"
#define uchar unsigned char

sbit SCK=P1^4;
sbit RCK=P1^5;
sbit SD=P1^6;
bit w;

uchar idata zdg[16][5];  //zdg数组为光点行显示数据，每行由多个汉字的对应行组成
uchar code Bmp[4][32];   //Bmp数组为点阵原始数据，每行都是某个汉字的数据
{
  /*--------科--------*/
  0x04,0x10,0x0E,0x10,0xF8,0x90,0x08,0x50,0x08,0x10,0xFE,
0x90,0x08,0x50,0x1C,0x14,
  0x1A,0x1E,0x29,0xF0,0x28,0x10,0x48,0x10,0x88,0x10,0x08,
0x10,0x08,0x10,0x08,0x10,
  /*---------学-------*/
  0x22,0x08,0x11,0x08,0x11,0x10,0x00,0x20,0x7F,0xFE,0x40,
0x02,0x80,0x04,0x1F,0xE0,
  0x00,0x40,0x01,0x84,0xFF,0xFE,0x01,0x00,0x01,0x00,0x01,
0x00,0x05,0x00,0x02,0x00,
  /*--------发--------*/
 0x01,0x00,0x11,0x20,0x11,0x10,0x21,0x04,0x7F,0xFE,0x02,
0x00,0x02,0x00,0x07,0xF0,
 0x06,0x10,0x0A,0x20,0x09,0x40,0x10,0x80,0x21,0x40,0x42,
0x30,0x8C,0x0E,0x30,0x04,
```

```
        /*---------展--------*/
        0x00,0x08,0x3F,0xFC,0x20,0x08,0x3F,0xF8,0x22,0x20,0x22,
0x20,0x2F,0xF8,0x22,0x20,
        0x22,0x24,0x3F,0xFE,0x24,0x88,0x24,0x50,0x24,0x30,0x45,
0x0E,0x86,0x04,0x04,0x00
        };

        void LED_hz()
        {
           uchar line,numl,cc,y,col,k,t;
           y=5;          //y为Bmp点阵数组元素向zdg显示数组元素过渡的下标运算因子
           while(1)
           {
              for(k=1;k<9;k++)
              {
                 for(t=0;t<=10;t++)
                   for(line=0;line<16;line++)//16次行的显示循环，驱动LED点阵显示
                   {
                      numl=zdg[line][0];        //从行的0号列获取点阵数据
                      for(col=0;col<8;col++)    //列的8次循环
                      {
                        SD=numl&0x80;           //取点阵字节的最高位作为串行数据
                        SCK=0;SCK=1;            //产生1个74HC595移位脉冲
                        numl<<=1;               //数据左移1位，后继位成为最高位
                      }

                      numl=zdg[line][1];        //从行的1号列获取点阵数据
                      for(col=0;col<8;col++)    //列的8次循环
                      {
                        SD=numl&0x80;           //取点阵字节最高位作为74HC595串行数据
                        SCK=0;SCK=1;            //产生1个74HC595移位脉冲
                        numl<<=1;               //数据左移1位，后继位成为最高位
                      }

                      numl=zdg[line][2];        //从行的2号列获取点阵数据
                      for(col=0;col<8;col++)    //列的8次循环
                      {
                        SD=numl&0x80;           //取点阵字节最高位作为74HC595串行数据
                        SCK=0;SCK=1;            //产生1个74HC595移位脉冲
                        numl<<=1;               //数据左移1位，后继位成为最高位
                      }

                      numl=zdg[line][3];        //从行的3号列获取点阵数据
                      for(col=0;col<8;col++)    //列的8次循环
                      {
                        SD=numl&0x80;           //取点阵字节最高位作为74HC595串行数据
                        SCK=0;SCK=1;            //产生1个74HC595移位脉冲
```

```
                    numl<<=1;        //数据左移1位，后继位成为最高位
                 }
                 RCK=0;RCK=1;        //产生1个行的锁存输出脉冲
                 P1=P1&0xf0;         //将P1的低4位置0
                 P1=P1|line;         //P1低4位为行循环变量值，用作两74HC138的
                                     //16选1译码
             }
             for(line=0;line<16;line++)
                                     //16次行循环，使每行5个列元素间首尾相接移1位
             {
                for(cc=0;cc<4;cc++)        //5个列元素间只有4个首尾相接处，故循环4次
                {
                   zdg[line][cc]<<=1;w=zdg[line][cc+1]&0x80;
                   zdg[line][cc]=zdg[line][cc]|w;
                                           //把cc+1列元的最高位移进cc列元的末位
                }
                zdg[line][cc]<<=1;         //注意退出循环后cc值为4
             }
         }
         for(line=0;line<16;line++)        //循环16次，点阵数据向显示数据过渡
           zdg[line][4]=Bmp[y/2][line*2+y%2];    //把点阵字节另排为显示字节
        y++;                               //计算因子更新
        if(y==8)
          y=0;
      }
}

main()
{
   uchar r,c;
   for(r=0;r<16;r++)                       //点阵数据向显示数据的首次过渡
      for(c=0;c<5;c++)
         zdg[r][c]=Bmp[c/2][r*2+c%2]; //把点阵字节另排为显示字节
   while(1)
     LED_hz();
}
```

任务 2 点阵数据转换型 LED16×16 点阵汉字显示编程实训

所谓转换型 LED16×16 点阵汉字显示编程，特指将点阵数据进行优化处理，即首先把点阵数组元素扩大到 8 倍，一个数组元素不是存放 8 个发光点的信息，而是只存放 1 个发光点的信息，在程序代码中没有了点阵数据的移位操作，使得代码减少，更重要的是可大大加快运行速度。这里以一个汉字为例，说明点阵数据优化处理的基本思路。优化前，存

放一个汉字的二维数的形式为 hz[16][2]，行的长度为 16，是因为 16×16 点阵汉字有 16 行；列的长度为 2，是因为每个数组元素存放 8 列（点），16 列就需要两个元素。优化后，存放一个汉字的二维数的形式为 yh[16][16]。具体优化方法：对于点阵的第一行，先把 hz[0][0] 中的 8 位二进制数 1 位 1 位地分解给 yh[0][0]、yh[0][1]、yh[0][2]、yh[0][3]、yh[0][4]、yh[0][5]、yh[0][6]、yh[0][7]；然后把 hz[0][1]中的 8 位二进制数，1 位 1 位地分解给 yh[0][8]、yh[0][9]、yh[0][10]、yh[0][11]、yh[0][12]、yh[0][13]、yh[0][14]、yh[0][15]。对于点阵的第二行，就是先把 hz[1][0]中的 8 位二进制数，1 位 1 位地分解给 yh[1][0]、yh[1][1]、yh[1][2]、yh[1][3]、yh[1][4]、yh[1][5]、yh[1][6]、yh[1][7]；然后把 hz[1][1]中的 8 位二进制数，1 位 1 位地分解给 yh[1][8]、yh[1][9]、yh[1][10]、yh[1][11]、yh[1][12]、yh[1][13]、yh[1][14]、yh[1][15]。其余各行，依此类推。

步骤 1　在 Keil 编程环境中，打开 E 盘→“用微课学 51 单片机”→“5LED16 乘 16 点阵汉字显示编程”文件夹，再新建文件夹“2 点阵数据转换型 LED16 乘 16 点阵汉字显示编程实训”并打开，将项目命名为“点阵数据转换型 LED16 乘 16 点阵汉字显示编程实训”，保存后选择单片机品牌和型号。

步骤 2　新建文件，在代码编辑区输入全部代码后，单击任务栏上的文件夹图标，打开 E 盘→“汉字点阵数据获取”文件夹，运行“取 8 个汉字点阵”应用程序，并在程序中输入“科学发展继往开来”8 个汉字后回车，如图 5-7 所示。

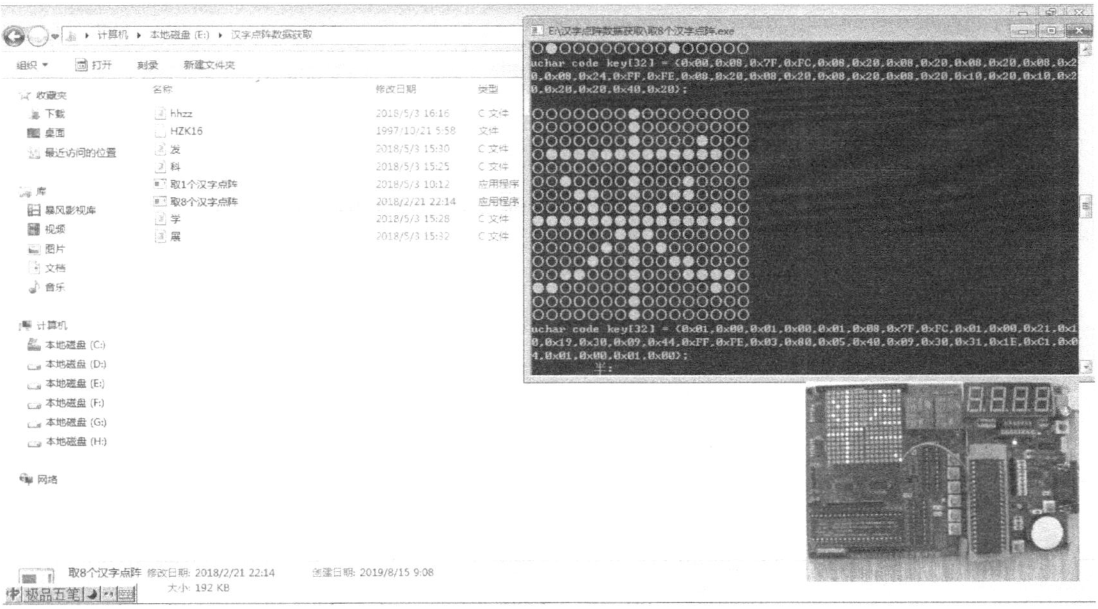

图 5-7　获取 8 个汉字的点阵数据

步骤 3　关闭“取 8 个汉字点阵”应用程序，在“汉字点阵数据获取”文件夹中，可看到“hhzz.c”文件，该文件就是被整理了格式的点阵文件，把其文件名更改为“点阵.c”后，对文件“点阵.c”进行复制，如图 5-8 所示。

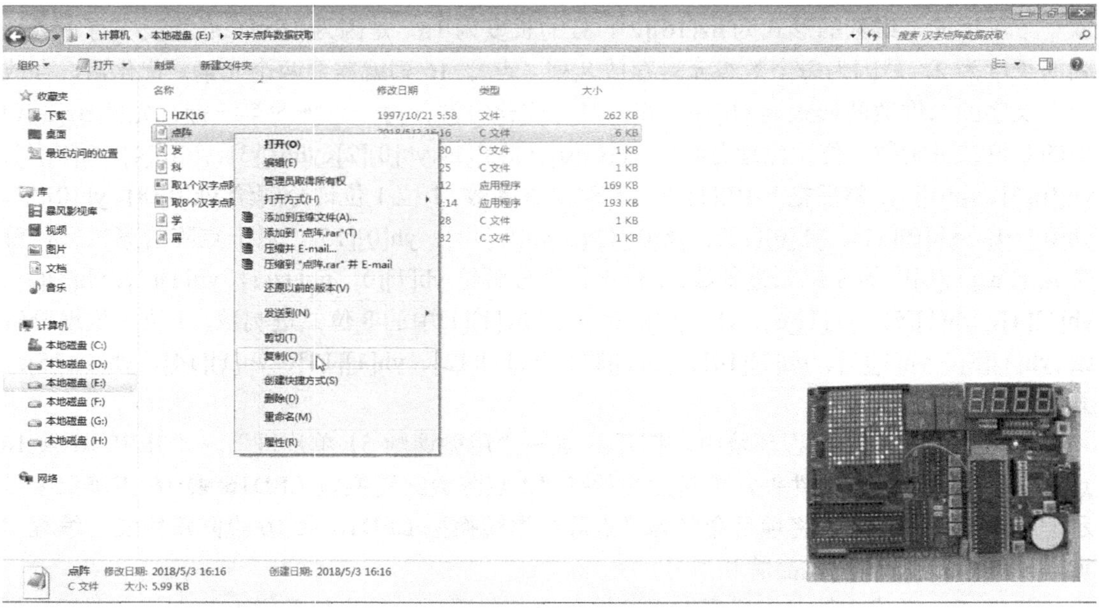

图 5-8 文件的更名及复制

步骤 4 接下来，依次打开 C 盘→“Keil_v5”→“C51”→“INC”文件夹，把“点阵.c”文件粘贴在“INC”文件夹中，如图 5-9 所示。

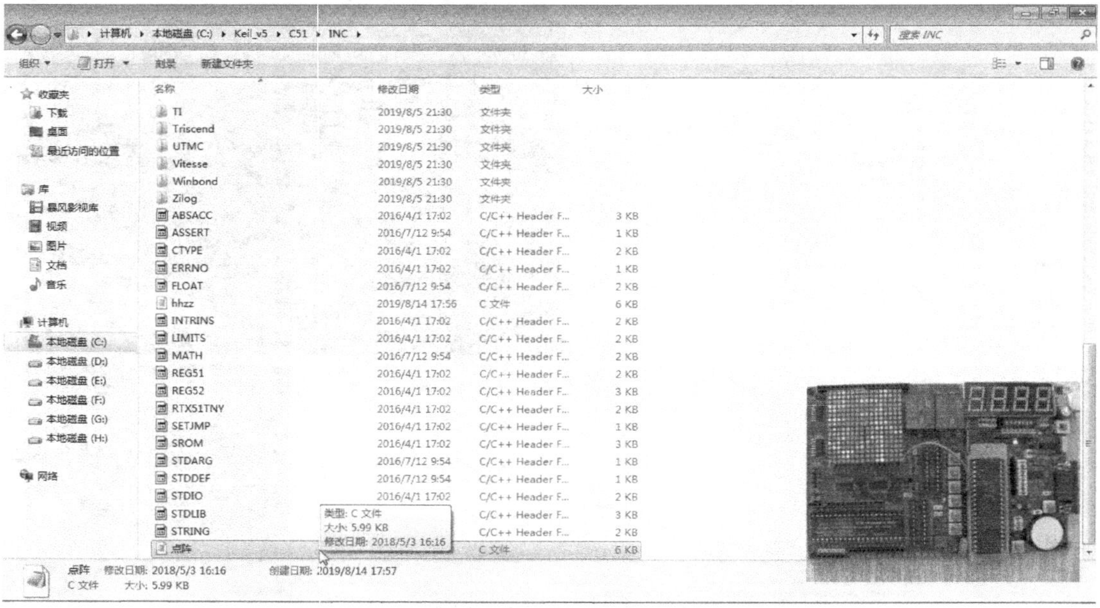

图 5-9 把“点阵.c”文件粘贴在“INC”文件夹中

步骤 5 关闭“计算机”文件夹，返回到 Keil 编程环境，将新建文件保存为“点阵数据转换型 LED16 乘 16 点阵汉字显示编程实训.c”，然后将其添加到项目中，同前面各任务一样，设置输出位置，进行编译链接，用 STC 烧录软件打开项目的 HEX 文件并下载到单片机上运行，运行结果如图 5-10 所示。

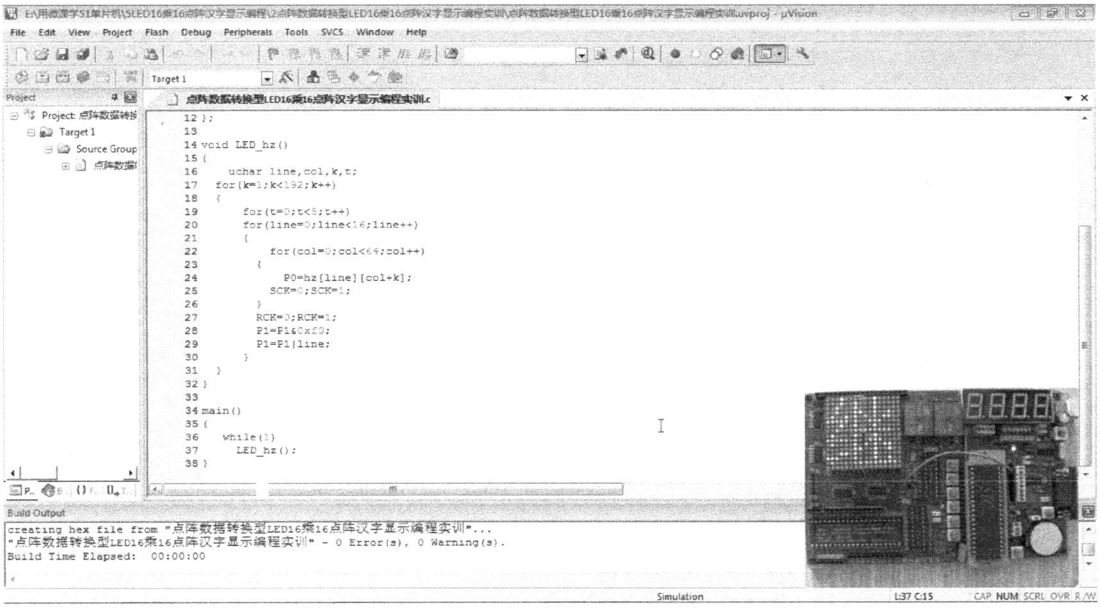

图 5-10　程序运行结果

本任务的源程序如下。

```
/*
*/
#include"reg52.h"
#define uchar unsigned char

sbit SCK=P1^4;
sbit RCK=P1^5;

uchar code hz[16][192]=
{
  #include"点阵.c"
};

void LED_hz()
{
    uchar line,col,k,t;
    for(k=1;k<192;k++)
    {
        for(t=0;t<5;t++)
          for(line=0;line<16;line++)
          {
              for(col=0;col<64;col++)
              {
                  P0=hz[line][col+k];
                  SCK=0;SCK=1;
              }
```

```
                RCK=0;RCK=1;
                P1=P1&0xf0;
                P1=P1|line;
            }
        }
    }

    main()
    {
        while(1)
          LED_hz();
    }
```

项目小结

本项目介绍了汉字点阵显示的两种程序设计案例。转换型的单片机程序要简单很多，但需要另外的软件先做处理。直用型不需要其他软件支持，但单片机程序相对复杂。这是由于点阵显示采用一行接一行的扫描形式，显示屏上每一行的亮点数据由若干个汉字的对应行组成，并不是一个汉字的所有点，因此点阵字节要转换为显示字节，这个转换过程需要计算。转换型通过其他程序将点阵字节转换成了显示字节，因此就不需要进行点的移位处理，但要占用更多的存储空间。

6

项目六

串行通信编程实训

任务1　基于 RS-232 的单片机与单片机通信编程

计算机串行通信最常用的工业标准是 RS-232，尽管这个标准发布于 1962 年，但目前仍广泛地作为计算机间串行通信的一个规范。由于 RS-232 用-3～-25V 表示数字“1”，用 3～25V 表示数字“0”，而单片机中用低电平表示“0”，用高电平表示“1”，因此 RS-232 与单片机两者在逻辑电平上不匹配，需要用硬件来转换。集成电路 MAX232 就是进行电平和逻辑关系转换最常用的器件。MAX232 的功能是把 TTL 电平 0V 和 5V 转换成 RS-232 的 3～15V 和-3～-15V，当然也可把 RS-232 的 3～15V 和-3～-15V 转换成 TTL 电平 0V 和 5V。如图 6-1 所示为单片机串行通信电平转换电路。

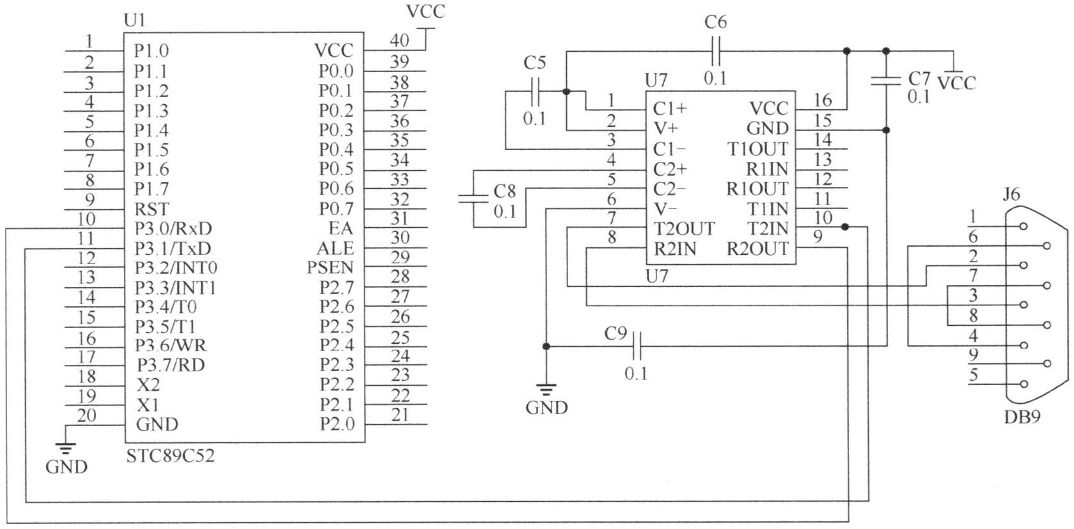

图 6-1　单片机串行通信电平转换电路

在单片机串行通信程序中，首先要确定串行通信方式，再确定数据传输速率及串口方式。8051 串行口是一个可编程的全双工串行通信接口，它有两个控制寄存器 SCON 和

PCON，以及两个物理上独立且共用一个地址（99H）和名字（SBUF）的接收缓冲器和发送缓冲器。

1．串行口控制寄存器 SCON

SCON 寄存器的字节地址是 98H，可位寻址。SCON 用来定义串行口的工作方式及对发送和接收进行控制。其各控制位定义见表 6-1。

表 6-1　串行口控制寄存器 SCON 各控制位的定义

D7	D6	D5	D4	D3	D2	D1	D0
SM0	SM1	SM2	REN	TB8	RB8	TI	RI

SM0、SM1 为串行口工作方式选择位，其定义见表 6-2。

表 6-2　SM0、SM1 的定义

SM0	SM1	工 作 方 式	功 能 描 述	波 特 率
0	0	方式 0	8 位移位寄存器	$f_{osc}/12$
0	1	方式 1	10 位 UART	可变
1	0	方式 2	11 位 UART	$f_{osc}/64$
1	1	方式 3	11 位 UART	可变

注：f_{osc} 为晶振频率。

SM2 为多机控制位。

REN 为接收允许控制位。REN=1，允许接收；REN=0，禁止接收。

TB8 在多机通信中用于区别地址与数据。本书中不引用。

RB8 为发送数据的第 9 位。本书中不引用。

TI 为发送中断标志位。发送前必须用赋值语句赋 0 值，发送完一帧数据后，由片内硬件自动置 1。如要再发送，必须用赋值语句再赋 0 值。

RI 为接收中断标志位。接收前必须用赋值语句赋 0 值，接收完一帧数据后，由片内硬件自动置 1。如要再接收，必须用赋值语句再赋 0 值。

2．电源控制寄存器 PCON

PCON 寄存器的字节地址为 87H，无位寻址，其各控制位定义见表 6-3。

表 6-3　电源控制寄存器 PCON 各控制位的定义

D7	D6	D5	D4	D3	D2	D1	D0
SMOD				GF1	GF0	P0	IDL

SMOD 为数据传输速率加倍位。0 表示不加倍，1 表示加倍。本书中都不加倍。其余各位不常用，清 0 即可。在本书中，PCON 寄存器取其上电复位值，程序中都不进行处理。

3．缓冲器 SBUF

SBUF 实际上是两个物理上独立的寄存器，其地址和名字共用，接收与发送是从具体的赋值方向来识别的，若以“a=SUBF”形式使用，则使用接收缓冲器；若以“SUBF=a”形式使用，则使用发送缓冲器。

步骤 1　在 Keil 编程环境中，打开“百分钟内任意定时器”项目，复制该项目的“百分钟内任意定时器.c”文件中的全部代码。

步骤 2　新建项目。依次打开 E 盘→“用微课学 51 单片机”文件夹，新建“6 串行通信编程实训”文件夹，打开这一新建文件夹，再新建并打开“1 基于 RS-232 的单片机与单片机通信编程实训”文件夹，然后将项目文件命名为“基于 RS-232 的单片机与单片机通信编程实训”，保存后选择单片机型号。

步骤 3　新建文件，并将步骤 1 所复制的代码粘贴于文件编辑区中。

步骤 4　在定时器 0 的中断服务函数前面定义 test()函数，然后将定时器 0 的中断服务函数删除，在删除位置定义外中断 1 的中断服务函数。

步骤 5　将 set_mm_ss()函数的中断序号由 2 改为 0，即把 set_mm_ss()函数改为外中断 0 的中断服务函数，在原有代码基础上，增加串行发送通信有关代码。

步骤 6　在 main()函数中，删掉有关定时器的语句，增加设置串行中断的代码。

步骤 7　将修改后的文件保存为“基于 RS-232 的单片机与单片机串行通信编程实训.c”，并将这个文件添加到项目中，然后设置输出位置。

步骤 8　完成项目的编译链接，用 STC 烧录软件打开项目的 HEX 文件并下载到两块单片机开发板上。

步展 9　用交叉型 DB9 串口连接线将两个单片机串口相连，然后接通两单片机的电源。两单片机都显示出四位数“1111”。

步骤 10　在一个单片机上，按下 S2 开关，显示变为“6666”（串行接收提示），熄灭后进入串行接收等待状态；然后在按下 S1 开关，显示变为“5030”，可用 S3、S4、S5 开关调整四位数的数值；然后按 S6 开关，发送所设置的四位数，发送前先显示“8888”（串行发送提示），熄灭后重新显示发送的四位数；稍等片刻，另一个单片机就会显示收到的这个四位数。

步骤 11　将两台单片机复位，交换两机的接收和发送任务，按照步骤 10，再做一次单片机间的串行通信实验。

本任务的源程序如下。

```
//
#include"reg52.h"
#define uchar unsigned char

sbit qw=P2^0;
sbit bw=P2^1;
sbit sw=P2^2;
sbit gw=P2^3;
sbit ds=P2^7;
sbit s3=P1^1;
sbit s4=P1^2;
sbit s5=P1^3;
sbit s6=P1^4;

uchar ctime,second,minute;

void delay()
{
```

```
    int x;
    for(x=0;x<250;x++)
        ;
}

void disp_LEDS(int m)
{
    int n;
    uchar code num[10]={0xc0,0xf9,0xa4,0xb0,0x99,0x92,0x82,0xf8,0x80,0x90};

    //
    n=m/1000;
    P0=num[n];
    qw=0;
    delay();
    qw=1;

    //
    n=m/100%10;
    P0=num[n];
    bw=0;
    delay();
    bw=1;

    //
    n=m/10%10;
    P0=num[n];
    sw=0;
    delay();
    sw=1;

    //
    n=m%10;
    P0=num[n];
    gw=0;
    delay();
    gw=1;
}

void test(int n)
{
    char x;
    for(x=0;x<100;x++)
      disp_LEDS(n);
}

void receive() interrupt 2
```

```
{
   int t;
   test(6666);
   REN=1;
   RI=0;
   while(RI==0);
   minute=SBUF;
   RI=0;
   while(RI==0);
   second=SBUF;
   RI=0;
   t=minute*100+second;
   while(1)
     test(t);
}

set_mm_ss()interrupt 0
{
   int n,i;
   minute=20;
   second=10;
   while(s6)
   {
      if(s3==0)
      {
          delay();
          if(s3==0)
          {
             minute++;
             if(minute>99)
                minute=0;
          }
      }

       if(s4==0)
      {
          delay();
          if(s4==0)
          {
             minute--;
             if(minute==-1)
                minute=99;
          }
      }

       if(s5==0)
      {
          delay();
```

```
            if(s5==0)
            {
               second++;
               if(second>59)
                  second=0;
            }
        }

        for(i=0;i<30;i++)
        {
            n=minute*100+second;
            disp_LEDS(n);
        }
    }
    if(s6==0)
    {
        delay();
        if(s6==0)
        {
            test(8888);
            TI=0;
            SBUF=minute;
            while(TI==0);
            TI=0;
            SBUF=second;
            while(TI==0);
        }
    }
    n=minute*100+second;
    while(1)
       test(n);
}

void main()
{
    TMOD=0x20;
    TH1=0xfd;
    TL1=0xfd;
    TR1=1;
    PCON=0x00;
    SCON=0x50;
    REN=1;
    IP=0x01;
    IE=0x85;
    while(1)
       test(1111);
}
```

任务 2　基于蓝牙模块的单片机间串行通信

蓝牙是一种短距离（10m 内）的无线电通信技术。本任务是用两个蓝牙模块来取代上一任务中使用的交叉型 DB9 串口线，同样实现两个单片机间的串行通信。

两个蓝牙模块必须配对使用，这就要求两个蓝牙模块一主一从。可从网上购买一块 HC-06 和一块 HC-05。其中，HC-06 为从模块。HC-05 网售时默认为从模块，须在串口调试助手环境中用 AT 指令将其设置为主模块。

HC-06 从模块有 4 只引脚，使用时它的 VCC 引脚接+5V，GND 引脚接地。HC-05 的接法相同。由于须将 HC-05 设置为主模块，先把 HC-05 的 RXD 引脚、TXD 引脚分别接 CH340G 的 TXD 引脚、RXD 引脚。通电后打开串口调试助手，按图 6-2 进行串口设置。

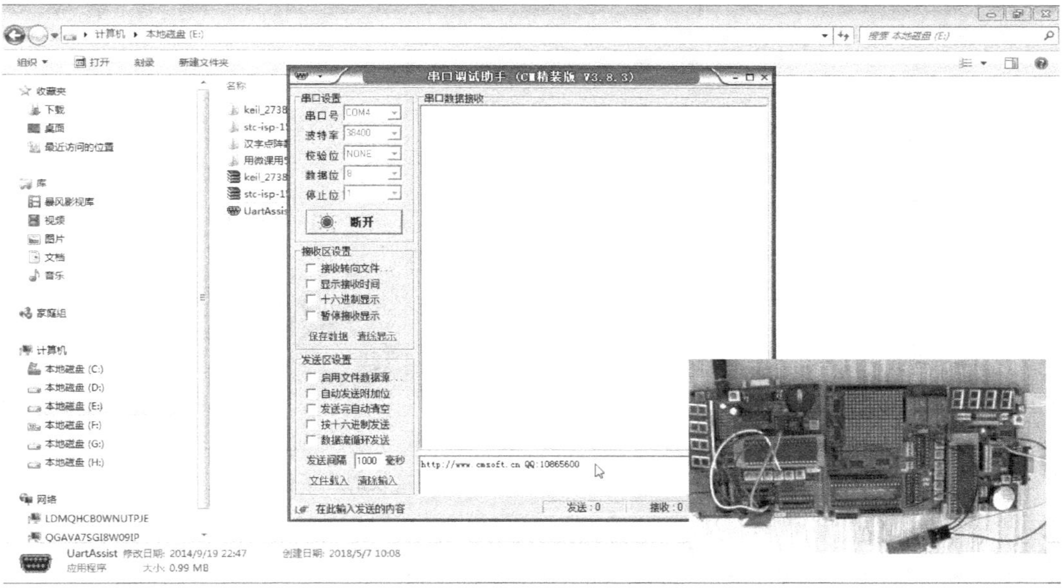

图 6-2　串口设置

步骤 1　将发送区数据清 0，然后输入“AT”并回车，再单击“发送”按钮，如图 6-3 所示。

串口调试助手的数据接收区会显示“OK”，即图 6-4 所示数据接收区的第一行。将数据发送区中的 AT 指令改为“AT+ROLE？”后单击“发送”按钮，接收区就显示“*ROLE:0”和“OK”这两行。其中，“*ROLE:0”表示 HC-05 的工作模式为从模块。

步骤 2　如图 6-5 所示，先将 AT 指令修改为“AT+ROLE=1”，再单击“发送”按钮，蓝牙模块就应答“OK”（接收区第 4 行）。

步骤 3　将发送指令改为“AT+ROLE？”后，单击“发送”按钮，蓝牙模块就应答“*ROLE:1”（第 5 行）及“OK”（第 6 行），这就说明 HC-05 已被设置为主模块（图 6-6）。

图 6-3　输入 AT 指令并发送

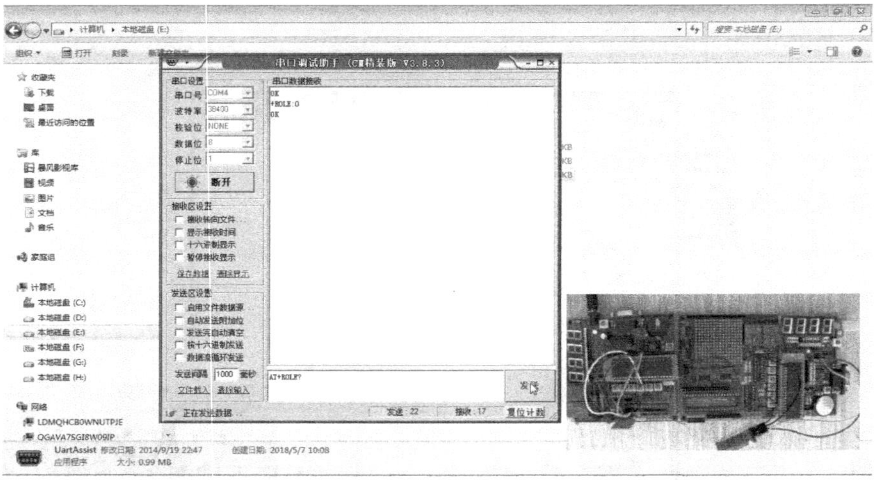

图 6-4　第二次发送的 AT 指令和两次接收的应答信息

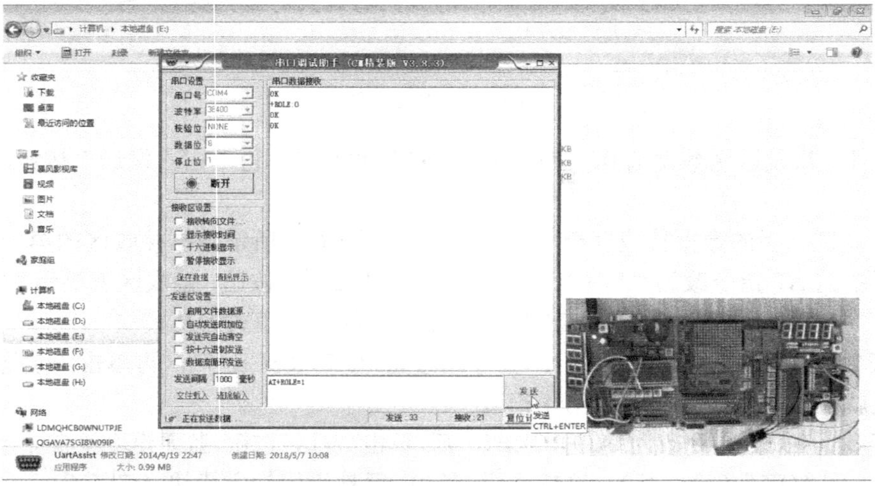

图 6-5　第三次发送的 AT 指令及蓝牙模块的应答信息

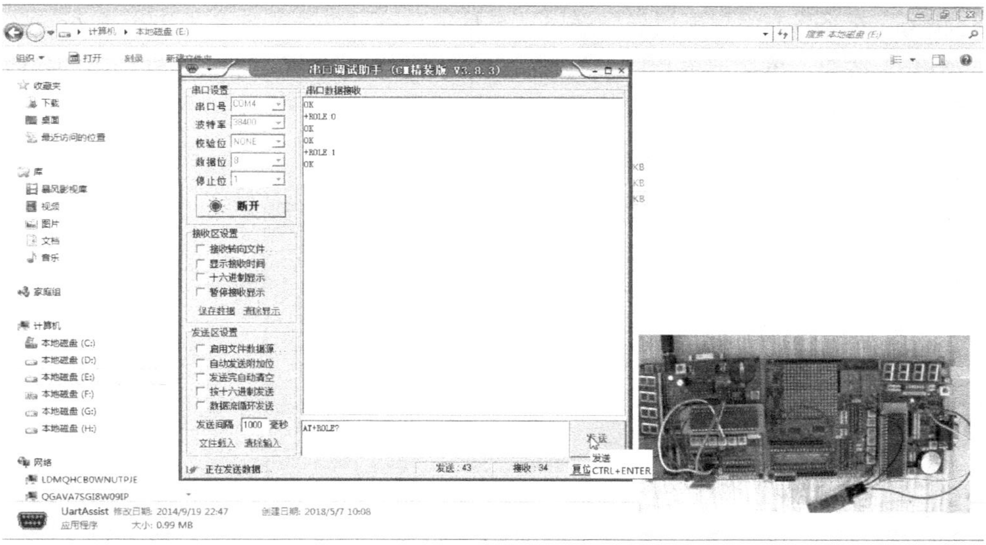

图 6-6　串口调试助手显示 HC-05 已被设置为主模块

步骤 4　关闭 HC-05 模块所在的单片机电源，将 HC-05 的 RXD 引脚接单片机的 TXD 引脚，将 HC-05 的 TXD 引脚接单片机的 RXD 引脚，再接通单片机的电源，特别要注意观察两个蓝牙模块的指示灯显示状况。稍后，HC-06 指示灯变为常亮，HC-05 指示灯由快闪变为慢闪，这就说明两蓝牙模块已完成配对，可以进行串行通信。

步骤 5　参照任务 1 的方法，验证基于蓝牙模块的两单片机串行通信。

任务 3　单片机向 PC 传送数据

步骤 1　在 Keil 编程环境中，打开“基于 RS-232 的单片机与单片机串行通信编程实训”项目，复制“基于 RS-232 的单片机与单片机串行通信编程实训.c”文件中的全部代码。

步骤 2　新建项目，打开 E 盘→“用微课学 51 单片机”→“6 串行通信编程实训”文件夹，新建并打开“3 单片机向 PC 传送数据编程实训”文件夹，将项目文件命名为“单片机向 PC 传送数据编程实训”并保存，选择单片机型号。

步骤 3　新建文件，在新文件编辑区中粘贴所复制的代码。首先在第 15 行增加无符号字符数组的定义：uchar idata hz[]="用微课学 51 单片机";。

步骤 4　修改外中断 1 的服务函数，用来发送 hz 数组的字符。

步骤 5　删除外中断 0 的中断服务函数。

步骤 6　在 main()函数中，将 test(1111)改为 test(3333)，让运行显示与前面程序有区别。

步骤 7　将新建文件保存为“单片机向 PC 传送数据编程实训.c”，并将其添加到项目中，然后设置输出位置。

步骤 8　完成项目的编译链接，用 STC 烧录软件打开项目的 HEX 文件并下载到单片机上运行。

步骤 9 在 PC 上运行串口调试助手，先把串口调试助手的波特率设置为 9600，然后单击“断开”按钮，再按下单片机上的 S2 开关向 PC 发送数据，串口调试助手的接收区中就会显示收到的数据，如图 6-7 所示。

图 6-7 单片机向 PC 传送数据成功图示

本任务的源程序如下。

```
//
#include"reg52.h"
#define uchar unsigned char

sbit qw=P2^0;
sbit bw=P2^1;
sbit sw=P2^2;
sbit gw=P2^3;
sbit ds=P2^7;
sbit s3=P1^1;
sbit s4=P1^2;
sbit s5=P1^3;
sbit s6=P1^4;

uchar idata hz[]="用微课学51单片机 ";

void delay()
{
  int x;
  for(x=0;x<250;x++)
      ;
}

void disp_LEDS(int m)
```

```
{
    int n;
    uchar code num[10]={0xc0,0xf9,0xa4,0xb0,0x99,0x92,0x82,0xf8,0x80,0x90};

   //
   n=m/1000;
   P0=num[n];
   qw=0;
   delay();
   qw=1;

   //
   n=m/100%10;
   P0=num[n];
   bw=0;
   delay();
   bw=1;

   //
   n=m/10%10;
   P0=num[n];
   sw=0;
   delay();
   sw=1;

   //
   n=m%10;
   P0=num[n];
   gw=0;
   delay();
   gw=1;
}

void test(int n)
{
    char x;
    for(x=0;x<100;x++)
      disp_LEDS(n);
}

void receive() interrupt 2
{
   int t;
   test(6666);
   TI=0;
   for(t=0;t<17;t++)
  {
```

```
        SBUF=hz[t];
        while(TI==0);
        TI=0;
      }
      test(9999);
  }


  void main()
  {
      TMOD=0x20;
      TH1=0xfd;
      TL1=0xfd;
      TR1=1;
      PCON=0x00;
      SCON=0x50;
      REN=1;
      IP=0x01;
      IE=0x85;
      while(1)
         test(3333);
  }
```

任务 4　PC 向单片机传送数据

步骤 1　在 Keil 编程环境中，打开“点阵数据直用型 LED16 乘 16 点阵汉字显示编程实训”项目，复制“点阵数据直用型 LED16 乘 16 点阵汉字显示编程实训.c”文件中的全部代码。

步骤 2　新建项目，打开 E 盘→“用微课学 51 单片机”→“6 串行通信编程实训”文件夹，新建并打开“4 PC 向单片机传送数据编程实训”文件夹，将项目文件命名为“PC 向单片机传送数据编程实训”并保存，选择单片机型号。

步骤 3　新建文件，在新文件编辑区中粘贴所复制的代码。对两个数组的定义进行修改，修改为只定义一个数组“uchar idata zdg[16][2]”，以存放“科”字的点阵数据。

步骤 4　数组定义修改后，要相应修改汉字显示核心函数 LED_hz()，主要是删除对二维数组中列下标值大于 1 的数据操作的相关代码。

步骤 5　在 main()函数前面，新增函数 receive()的定义，用来接收 PC 传送的点阵数据。

步骤 6　在 main()函数前面，新增外中断 1 的中断服务函数 setReceive()的定义，用来设置串行接收中断事项，以及调用串行接收函数 receive()。

步骤 7　修改 main()函数，删除变量定义语句和双重 for 循环结构，添加设置中断的两个语句。

步骤 8　将新建文件保存为“PC 向单片机传送数据编程实训.c”，并将其添加到项目中，然后设置输出位置。

步骤 9　完成项目的编译链接，用 STC 烧录软件打开项目的 HEX 文件并下载到单片机上运行。运行结果是显示出“科”字。

步骤 10　打开 E 盘的“汉字点阵数据获取”文件夹，将“学 A.c”文件复制并粘贴到 E 盘，用“记事本”将其打开，打开后对 32 个十六进制数的表示和间隔符进行修改。修改要点是，将表示十六进制数的 32 个“0x”全部删除，将 32 个数间的间隔符“,”全部改为空格，如图 6-8 所示，保存并退出。

图 6-8　修改后的 32 个十六进制数

步骤 11　运行串口调试助手程序，勾选“按十六进制发送”选项，单击“清除输入”选项，再单击“文件载入”选项，在弹出的对话框中，选择 E 盘上的“学 A.c”文件，发送区中就显示出“学”字点阵的 32 个十六进制数。先在单片机板上按下 S2 开关，让单片机进入串行接收状态，然后在串口调试助手中单击“发送”按钮，单片机就接收中断而显示出“学”字，如图 6-9 所示。在单片机开发板上按下复位开关，显示“科”字，再发送，又显示“学”字。

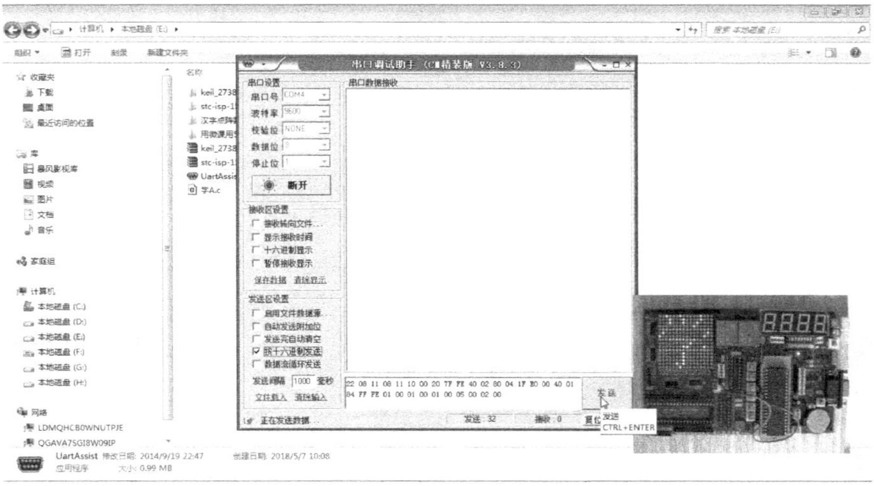

图 6-9　单片机串行接收中断而显示出“学”字

本任务的源程序如下。

```
#include"reg52.h"
#define uchar unsigned char

sbit SCK=P1^4;
sbit RCK=P1^5;
sbit SD=P1^6;
bit w;

uchar idata zdg[16][2]=
{
  /*--------科-------*/
  0x04,0x10,0x0E,0x10,0xF8,0x90,0x08,0x50,0x08,0x10,0xFE,0x90,
0x08,0x50,0x1C,0x14,
  0x1A,0x1E,0x29,0xF0,0x28,0x10,0x48,0x10,0x88,0x10,0x08,0x10,
0x08,0x10,0x08,0x10
};

void LED_hz()
{
   uchar line,numl,cc,y,col,k,t;
   y=5;
   while(1)
   {
     for(k=1;k<9;k++)
     {
       for(t=0;t<=10;t++)
        for(line=0;line<16;line++)
        {
          numl=zdg[line][0];
          for(col=0;col<8;col++)
          {
            SD=numl&0x80;
            SCK=0;SCK=1;
            numl<<=1;
          }

           numl=zdg[line][1];
          for(col=0;col<8;col++)
          {
            SD=numl&0x80;
            SCK=0;SCK=1;
            numl<<=1;
          }

          RCK=0;RCK=1;
          P1=P1&0xf0;
```

```
                P1=P1|line;
            }
        }
    }
}

void receive()
{
    uchar i,j;
    REN=1;
    RI=0;
    for(i=0;i<16;i++)
      for(j=0;j<2;j++)
      {
        while(RI==0);
        zdg[i][j]=SBUF;
        RI=0;
      }
}

setReceive() interrupt 2
{
    TMOD=0x20;
    TL1=0xfd;TH1=0xfd;
    PCON=0x00;
    TR1=1;
    SCON=0x50;
    receive();
}

main()
{
    IE=0x85;
    IP=0x01;
    while(1)
      LED_hz();
}
```

7

项目七

存储器编程实训

任务1 STCMCU片内EEPROM编程实训

步骤1 在Keil编程环境中，新建项目，打开E盘→“用微课学51单片机”文件夹，新建并打开“7存储器编程实训”文件夹，再新建并打开“1STCMCU片内EEPROM编程实训”文件夹，将项目文件命名为“STCMCU片内EEPROM编程实训”并保存，选择单片机型号。

步骤2 新建文件，在新文件编辑区中输入代码。首先输入两行注释，再输入两条文件包含命令，然后输入5条宏定义命令，最后输入6条ISP专用寄存器定义语句。

步骤3 定义ISP_IAP_enable()函数，用于使能。

步骤4 定义ISP_IAP_disable()函数，用于禁能。

步骤5 定义byte_read()函数，返回类型为uchar，用于读形参指定地址的数据。

步骤6 定义SectorErase()函数，用于扇区擦除。

步骤7 定义byte_write()函数，用于向第1个形参指定地址写入第2个形参的值。

步骤8 定义无符号整型变量DCP，定义位寻址变量RCK、SCK。

步骤9 定义LED_hz()函数，用于从片内指定地址读取转换型点阵数据并进行汉字显示。

步骤10 定义receive()函数，用于以串行通信方式接收转换型点阵数据并写入片内EEPROM。

步骤11 定义外中断1的服务函数setInt1()，用于设置串行中断及调用receive()函数。

步骤12 定义main()函数，设置外中断，并无限循环调用LED_hz()函数显示汉字。

步骤13 将新建文件保存为“STCMCU片内EEPROM编程实训.c”，并添加到项目中，然后设定输出位置，完成项目的编译链接后，用STC烧录软件打开项目的HEX文件，将其下载到单片机上（下载时必须断开蓝牙模块与单片机的连接）。

步骤14 把HC-06蓝牙模块的RXD引脚与单片机的TXD引脚相连，蓝牙模块的TXD引脚与单片机的RXD引脚相连。通电后，在安装了专用汉字点阵串行传送APK（该APK基于蓝牙模块，可在华信网上下载）的手机上，打开蓝牙功能，将手机蓝牙与HC-06模块配对（配对密码为 1234），然后在手机上运行该 APK 程序，按程序提示用手机连接 HC-06 模块，连接后 HC-06 模块的指示灯变为常亮。此时，先按下单片机上的 S2 开关，让单片机进入串行接收状态，然后在手机上按下数据传送按钮，单片机接收完成后就返回到汉字显示状态（图 7-1）。

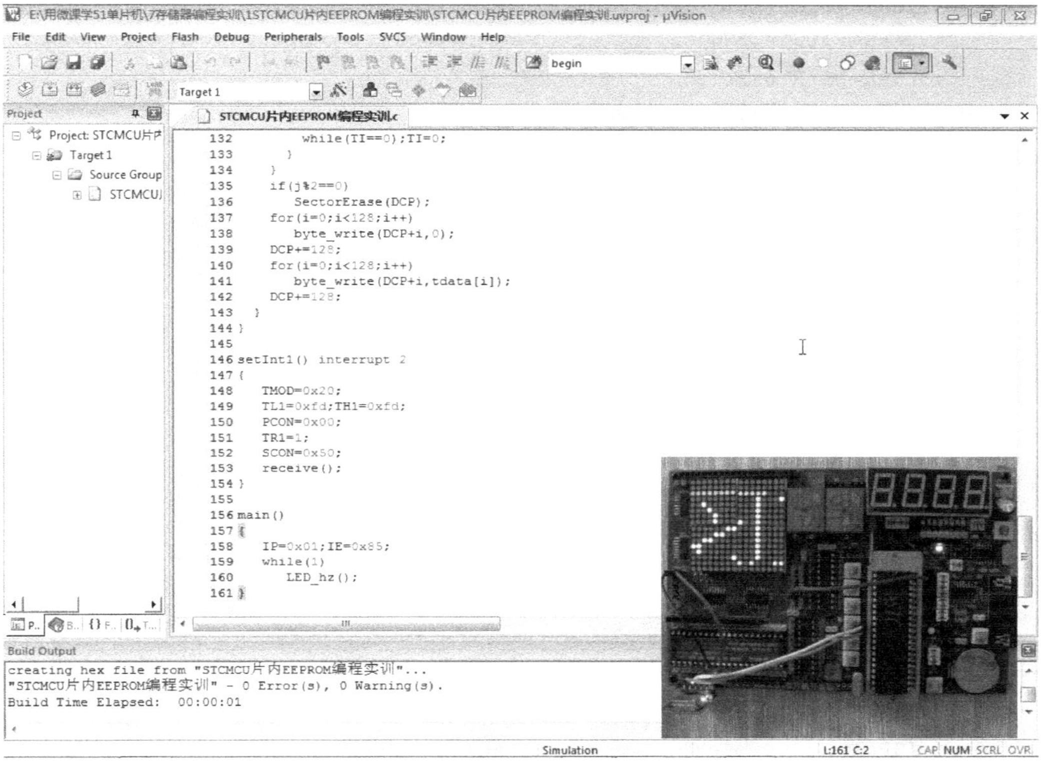

图 7-1　STCMCU 片内 EEPROM 编程实效图

本任务的源程序如下。

```
/*
*/
#include"reg52.h"
#include"intrins.h"
#define uchar unsigned char
#define uint unsigned int

#define RCM 0x01
#define PCM 0x02
#define ECM 0x03

sfr ISPD=0xe2;
sfr ISPH=0xe3;
sfr ISPL=0xe4;
sfr ISPC=0xe5;
sfr ISPT=0xe6;
```

```
sfr ISPR=0xe7;

void ISP_IAP_enable()
{
    EA=0;
    ISPR=ISPR&0x18;
    ISPR=ISPR|0x01;
    ISPR=ISPR|0x80;
}

void ISP_IAP_disable()
{
    ISPR=ISPR&0x7f;
    ISPT=0x00;
    EA=1;
}

uchar byte_read(uint byteA)
{
    ISPH=(uchar)(byteA>>8);
    ISPL=(uchar)(byteA&0x00ff);
    ISPC=ISPC&0xf8;
    ISPC=ISPC|RCM;
    ISP_IAP_enable();
    ISPT=0x46;
    ISPT=0xb9;
    _nop_();
    ISP_IAP_disable();
    return(ISPD);
}

void SectorErase(uint sectorA)
{
    uint iSectorA;
    iSectorA=(sectorA&0xfe00);
    ISPH=(uchar)(iSectorA>>8);
    ISPL=0x00;
    ISPC=ISPC&0xf8;
    ISPC=ISPC|ECM;
    ISP_IAP_enable();
    ISPT=0x46;
    ISPT=0xb9;
    _nop_();
    ISP_IAP_disable();
}

void byte_write(uint byteA,uchar newD)
```

```
{
    ISPH=(uchar)(byteA>>8);
    ISPL=(uchar)(byteA&0x00ff);
    ISPC=ISPC&0xf8;
    ISPC=ISPC|PCM;
    ISPD=newD;
    ISP_IAP_enable();
    ISPT=0x46;
    ISPT=0xb9;
    _nop_();
    ISP_IAP_disable();
}

uint DCP,n;
uchar idata tdata[128];
sbit RCK=P1^5;
sbit SCK=P1^4;

void LED_hz()
{
    uchar line,col,k,t;
    for(k=64;k<192;k++)
    {
        for(t=0;t<4;t++)
        {
           DCP=0x2000;
           for(line=0;line<16;line++)
           {
               for(col=47;col<64;col++)
               {
                   P0=byte_read(DCP+col+k);
                   SCK=0;SCK=1;
               }
               RCK=0;RCK=1;
               P1=P1&0xf0;
               P1=P1|line;
               DCP+=256;
           }
        }
    }
}

void receive()
{
    uchar i,p,t,j,m;
    DCP=0x2000;
    REN=1;
```

```
    for(j=0;j<16;j++)
    {
        m=0;
        for(t=0;t<8;t++)
        {
            p=0;
            for(i=0;i<16;i++)
            {
                while(RI==0);RI=0;
                tdata[m]=SBUF;
                p+=tdata[m++];
            }
            while(RI==0);RI=0;
            if(SBUF==p)
            {
                SBUF=0;
                while(TI==0);TI=0;
            }
            else
            {
                SBUF=0xff;
                while(TI==0);TI=0;
            }
        }
        if(j%2==0)
          SectorErase(DCP);
        for(i=0;i<128;i++)
          byte_write(DCP+i,0);
        DCP+=128;
        for(i=0;i<128;i++)
          byte_write(DCP+i,tdata[i]);
        DCP+=128;
    }
}

setInt1() interrupt 2
{
   TMOD=0x20;
   TL1=0xfd;TH1=0xfd;
   PCON=0x00;
   TR1=1;
   SCON=0x50;
   receive();
}

main()
{
```

```
    IP=0x01;IE=0x85;
    while(1)
      LED_hz();
}
```

任务 2　HM6264 编程实训

计算机中的存储器分为只读存储器（ROM）和随机读写存储器（RAM）。RAM 又分为动态存储器（DRAM）和静态存储器（SRAM）。HM6264 属于 SRAM，容量为 8KB。图 7-2 是 HM6264 的引脚功能图。由图 7-2 可知，HM6264 有 A0～A12 共 13 条地址线，D0～D7 共 8 条数据线，WE 是存储器的写使能端（低电平有效），OE 是读使能端（低电平有效），CE1 是片选端 1（低电平有效），CE2 是片选端 2（高电平有效）。

由于 51 单片机的 P0 口是地址、数据分时使用的，因此必须用地址锁存器把地址数据锁存起来，以供片外存储器使用。图 7-3 中的 74HC573 就是地址锁存器，它一般被称为 8D 三态锁存器，它的引脚功能是，设 OE 为低电平，且 LE 为高电平，此时在各 D 端加上所需数据电平后，则各 Q 端输出对应的数据电平，此后将 LE 从高电平拉为低电平，则各 Q 端的数据电平保持不变。51 单片机就是利用锁存器的这一工作特性，来保证其 P0 口的地址与数据的复用的。于是可知，当单片机访问片外存储器时，首先让 ALE 控制线为高电平，且用 P0 口发送低 8 位地址，然后用 ALE 控制线拉低锁存器的锁存端，即用锁存器上的低 8 位地址和 P2 口上的高 8 位地址来形成 16 位地址总线，空出来的 P0 口作为数据总线，从而实现对片外存储器的读写。

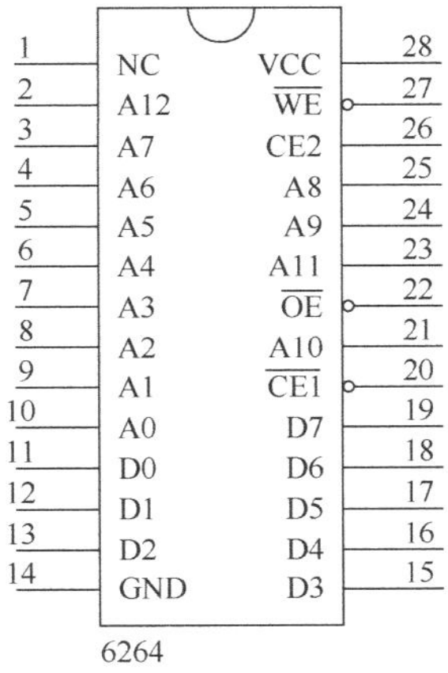

图 7-2　HM6264 引脚功能图

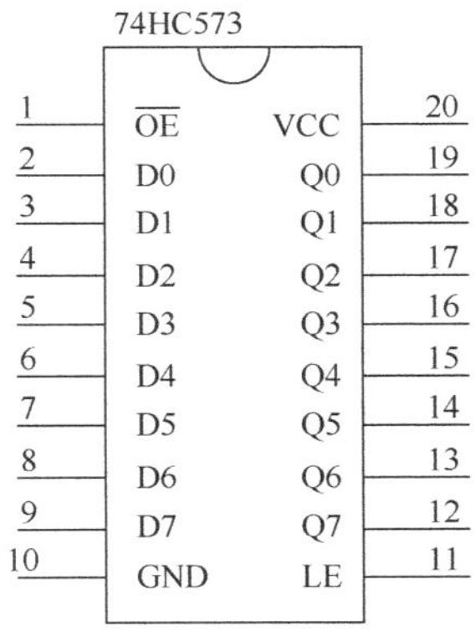

图 7-3　74HC573 引脚功能图

图 7-4 是 HM6264 存储器与 51 单片机的接口电路，74HC573 要插在单片机开发板上的 IC2（20DIP 接口）插座上，HM6264 要插在单片机开发板上的 IC3（40DIP 接口）插座上（注意 HM6264 的 GND 引脚插入 IC3 接口的 GND 接地端）。另外，IC2 上的各 Q 输出端与 IC3 的约定低 8 位地址在 CAD 设计时就已连接，因此，要按图 7-4 进行 P00 与 IC2 的第 9 脚、P01 与 IC2 的第 8 脚、……、P07 与 IC2 的第 2 脚的杜邦线连接。

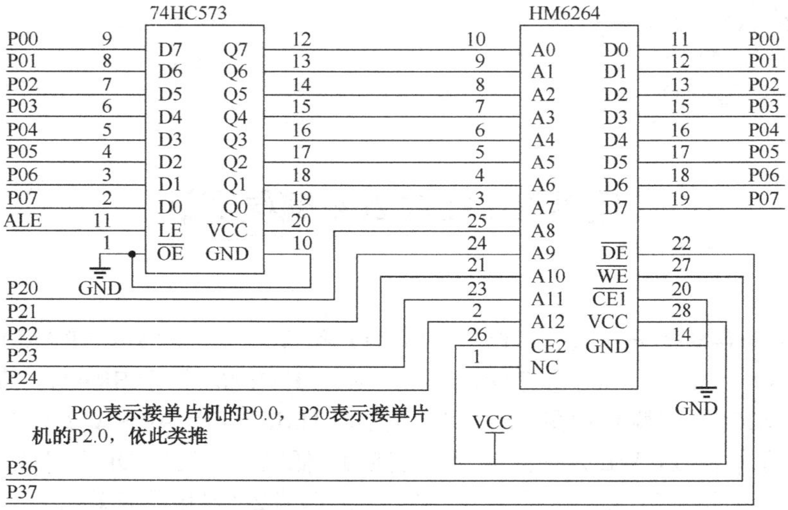

图 7-4 HM6264 存储器与 51 单片机的接口电路

步骤 1 在 Keil 编程环境下，打开 “STCMCU 片内 EEPROM 编程实训” 项目，复制 “STCMCU 片内 EEPROM 编程实训.c” 文件中的所有代码。

步骤 2 新建项目，打开 E 盘→ “用微课学 51 单片机” → “7 存储器编程实训” 文件夹，再新建并打开 “2HM6264 编程实训” 文件夹，将项目文件命名为 “HM6264 编程实训” 并保存，选择单片机型号。

步骤 3 新建文件，在新文件编辑区中粘贴步骤 1 所复制的代码，在粘贴的代码中先删掉 “#include"intrins.h"” 这行代码，再删除所有用于访问片内 EEPROM 的宏定义、寄存器定义及函数定义，并在位寻址变量 RCK、SCK 定义语句后，定义无符号字符型数组 hz16[16][192]。

步骤 4 修改汉字点阵显示函数 LED_hz()，主要是将给 P0 赋值的片内地址访问改成 hz16 数组访问。

步骤 5 修改串行接收函数 receive()，先将对 tdata 数组的操作全部改为对 hz16 数组的操作，再把访问片内存储器的操作全部改为对 hz16 数组的操作。

步骤 6 将新建文件保存为 “HM6264 编程实训.c”，并添加到项目中，然后设定输出位置，完成项目的编译链接后，用 STC 烧录软件打开项目的 HEX 文件，将其下载到单片机上（下载时必须断开蓝牙模块与单片机的连接）。

步骤 7 把 HC-06 蓝牙模块的 RXD 引脚与单片机的 TXD 引脚相连，蓝牙模块的 TXD 引脚与单片机的 RXD 引脚相连。通电后，在安装了专用汉字点阵串行传送 APK（该 APK 基于蓝牙模块，可在华信网上下载）的手机上，打开蓝牙功能，将手机蓝牙与 HC-06 模块配对（配对密码为 1234），然后在手机上运行该 APK 程序，按程序提示用手机连接 HC-06 模块，连接后 HC-06 模块的指示灯变为常亮。此时，先按下单片机上的 S2 开关，让单片机进入串行接收状态，然后在手机上按下数据传送按钮，单片机接收完成后就中断返回到汉字显示状态，如图 7-5 所示。

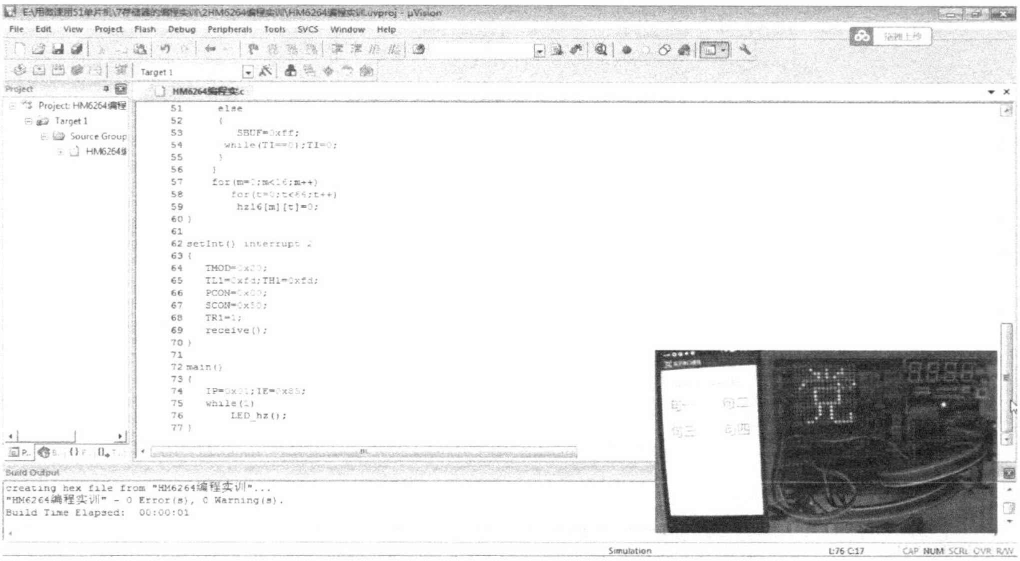

图 7-5　用手机向单片机传送汉字点阵数据

HM6264 编程实训源程序如下。

```
/*
*/
#include"reg52.h"
#define uchar unsigned char
#define uint unsigned int

sbit RCK=P1^5;
sbit SCK=P1^4;
uchar xdata hz16[16][192];

void LED_hz()
{
   uchar line,col,k,t;
   for(k=1;k<129;k++)
      for(t=0;t<4;t++)
         for(line=0;line<16;line++)
         {
            for(col=0;col<64;col++)
            {
               P0=hz16[line][col+k];
               SCK=0;SCK=1;
            }
            RCK=0;RCK=1;
            P1=P1&0xf0;
            P1=P1|line;
         }
}
```

```
void receive()
{
    uchar i,p,t,j,m;
    REN=1;
    for(m=0,j=64;m<16;j=64,m++)
        for(t=0;t<8;t++)
        {
            p=0;
            for(i=0;i<16;i++)
            {
                while(RI==0);RI=0;
                hz16[m][j]=SBUF;
                p+=hz16[m][j++];
            }
            while(RI==0);RI=0;
            if(SBUF==p)
            {
                SBUF=0;
                while(TI==0);TI=0;
            }
            else
            {
                SBUF=0xff;
                while(TI==0);TI=0;
            }
        }
        for(m=0;m<16;m++)
           for(t=0;t<64;t++)
              hz16[m][t]=0;
}

setInt1() interrupt 2
{
   TMOD=0x20;
   TL1=0xfd;TH1=0xfd;
   PCON=0x00;
   TR1=1;
   SCON=0x50;
   receive();
}

main()
{
   IP=0x01;IE=0x85;
   while(1)
      LED_hz();
}
```

任务 3　W29CX 编程实训

W29CX 是 Flash 存储器，在程序设计时，对 Flash 存储器的读出操作与对 SRAM（静态存储器）的读出操作完全一致，但对 Flash 存储器的写入操作与对 SRAM 的写入操作相比，则要复杂得多。对 Flash 存储器的写入操作是通过对 Flash 存储器的编程来实现的。编程就是以扇区为单位，对一个扇区里的 128 字节数据进行一次性写入操作。如果某个扇区中的一个数据需要改变，则这个扇区中的 128 字节数据必须全部改变，这是因为写入前先要编程擦除这个扇区，扇区擦除后才能进行扇区写入。

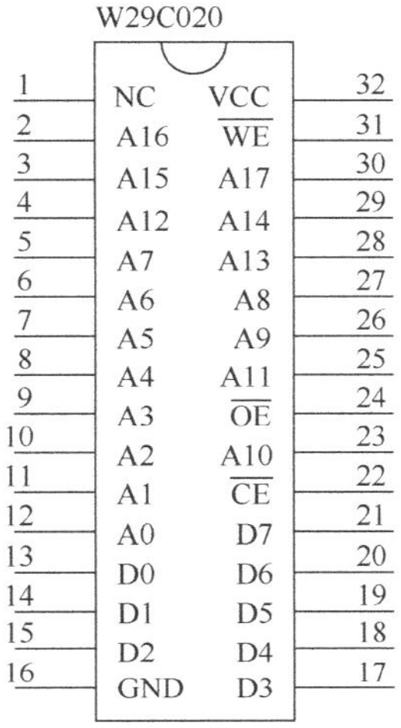

图 7-6　W29C020 引脚图

具体使用的 Flash 存储器是 W29C020，图 7-6 是 W29C020 的引脚图。图 7-7 是 W29C020 与 51 单片机的接口电路。在单片机开发板上，接口电路中的 74HC573 插在 IC2 接口上，W29C020 插在 IC3 接口上（芯片 GND 端与插座 CND 端对接）。

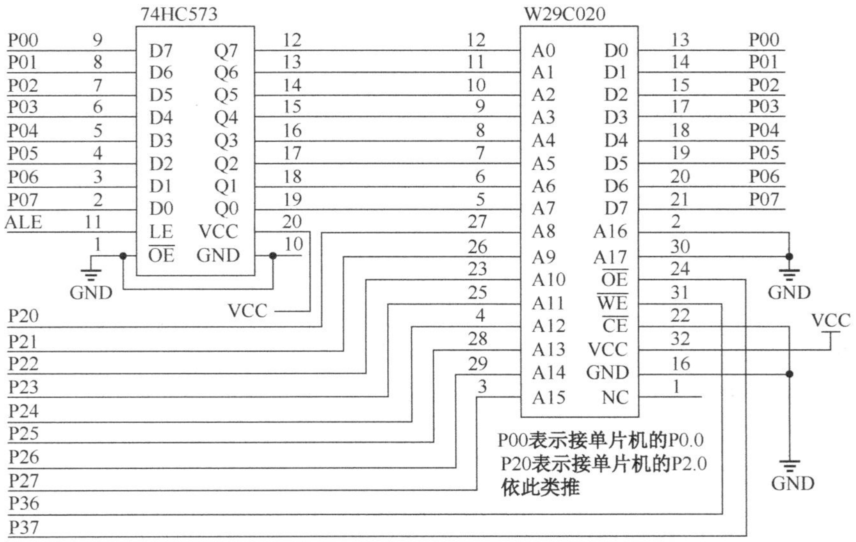

图 7-7　W29C020 与 51 单片机的接口电路

步骤 1　在 Keil 编程环境下，打开“STCMCU 片内 EEPROM 编程实训”项目，复制“STCMCU 片内 EEPROM 编程实训.c”文件中的全部代码。

步骤 2　新建项目。依次打开 E 盘→“用微课学 51 单片机”→“7 存储器编程实训”文件夹，新建并打开“3W29C020 编程实训”文件夹，将项目文件命名为“W29C020 编程实训”并保存，选择单片机型号。

步骤 3 新建文件，在新文件编辑区中粘贴所复制的代码。对粘贴所得代码，首先将第二个文件包含命令中的文件名修改为“ABSACC.h”，删除专用于 STC 片内 EEPROM 编程的 3 个宏、6 个寄存器和 5 个函数的定义。

步骤 4 修改 LED_hz()函数，先在由外向内的第 2 层 for 循环中，将 DCP 的赋值由 0x2000 改为 0x0000，再在第 4 层 for 循环中，将 P0 的赋值“P0=byte_read(DCP+col+k);”改为“P0=XBYTE[DCP+col+k];”。

步骤 5 在 receive()函数前面定义 delay1()函数。

步骤 6 在 receive()函数中，把 DCP 的赋值改为“DCP=0x0000”，并在其后添加一条语句“DCP+=128;”，再把 if 语句“if(j%2==0) SectorErass(DCP);”及其后的两个 for 循环和两个 DCP 的赋值都删除，并增加如下代码：

```
XBYTE[0x5555]=0xaa;
XBYTE[0x2aaa]=0x55;
XBYTE[0x5555]=0xa0;
for(i=0;i<128;i++)
  XBYTE[DCP+i]=tdata[i];
delay1();
DCP+=256;
```

步骤 7 在 receive()函数的末尾，增加如下语句：

```
DCP=0x0000;
for(j=0;j<16;j++)
{
    XBYTE[0x5555]=0xaa;
    XBYTE[0x2aaa]=0x55;
    XBYTE[0x5555]=0xa0;
    for(i=0;i<128;i++)
         XBYTE[DCP+i]=0;
    delay1();
    DCP+=256;
}
```

步骤 8 将新建文件保存为“W29C020 编程实训.c”，并添加到项目中，然后设定输出位置，完成项目的编译链接后，用 STC 烧录软件打开项目的 HEX 文件，将其下载到单片机上（下载时必须断开蓝牙模块与单片机的连接）。

步骤 9 把 HC-06 蓝牙模块的 RXD 引脚与单片机的 TXD 引脚相连，蓝牙模块的 TXD 引脚与单片机的 RXD 引脚相连。通电后，在安装了专用汉字点阵串行传送 APK（该 APK 基于蓝牙模块，可在华信网上下载）的手机上，打开蓝牙功能，将手机蓝牙与 HC-06 模块配对（配对密码为 1234），然后在手机上运行该 APK 程序，按程序提示用手机连接 HC-06 模块，连接后 HC-06 模块的指示灯变为常亮。此时，先按下单片机上的 S2 开关，让单片机进入串行接收状态，然后在手机上按下数据传送按钮，单片机接收完成后就中断返回到汉字显示状态，如图 7-8 所示。

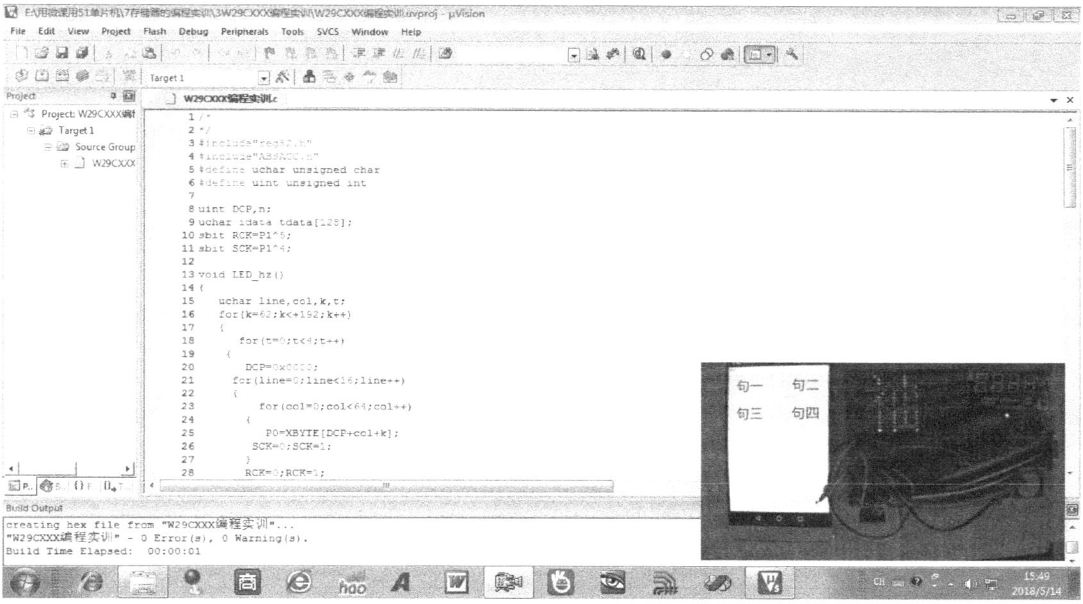

图 7-8　W29C020 存储器编程效果图

本任务的程序源代码如下。

```
/*
*/
#include"reg52.h"
#include"ABSACC.h"
#define uchar unsigned char
#define uint unsigned int

uint DCP,n;
uchar idata tdata[128];
sbit RCK=P1^5;
sbit SCK=P1^4;

void LED_hz()
{
    uchar line,col,k,t;
    for(k=64;k<192;k++)
    {
        for(t=0;t<4;t++)
        {
          DCP=0x0000;
          for(line=0;line<16;line++)
          {
              for(col=0;col<64;col++)
              {
                  P0=XBYTE[DCP+col+k];
                  SCK=0;SCK=1;
```

```
                }
                RCK=0;RCK=1;
                P1=P1&0xf0;
                P1=P1|line;
                DCP+=256;
            }
        }
    }
}

void delay1()
{
   uint i;
   for(i=1;i<2000;i++)
      ;
}

void receive()
{
    uchar i,p,t,j,m;
    DCP=0x0000;
    DCP+=128;
    REN=1;
    for(j=0;j<16;j++)
    {
        m=0;
        for(t=0;t<8;t++)
        {
            p=0;
            for(i=0;i<16;i++)
            {
                while(RI==0);RI=0;
                tdata[m]=SBUF;
                p+=tdata[m++];
            }
            while(RI==0);RI=0;
            if(SBUF==p)
            {
                SBUF=0;
                while(TI==0);TI=0;
            }
            else
            {
                SBUF=0xff;
                while(TI==0);TI=0;
            }
        }
```

```
            XBYTE[0x5555]=0xaa;
            XBYTE[0x2aaa]=0x55;
            XBYTE[0x5555]=0xa0;
            for(i=0;i<128;i++)
              XBYTE[DCP+i]=tdata[i];
            delay1();
            DCP+=256;
        }
        DCP=0x0000;
        for(j=0;j<16;j++)
        {
            XBYTE[0x5555]=0xaa;
            XBYTE[0x2aaa]=0x55;
            XBYTE[0x5555]=0xa0;
            for(i=0;i<128;i++)
            XBYTE[DCP+i]=tdata[i];
            delay1();
            DCP+=256;
        }
    }

    setInt1() interrupt 2
    {
      TMOD=0x20;
      TL1=0xfd;TH1=0xfd;
      PCON=0x00;
      TR1=1;
      SCON=0x50;
      receive();
    }

    main()
    {
      IP=0x01;IE=0x85;
      while(1)
        LED_hz();
    }
```

8 项目八

从云端操控 51 单片机

物联网时代已经来临，基于蓝牙技术、Wi-Fi 技术的各种智能设备正在进入人们生活的各个方面。把物联网技术融入 51 单片机技术，是职业技术教育创新发展的需要。上一项目介绍了蓝牙技术，用手机短距离操控 51 单片机。本项目将介绍 Wi-Fi 技术，能用手机从云端操控 51 单片机。当然，我们只介绍单片机的程序设计，安卓手机所需的 Android 程序设计超出了本书范围，从华信网下载本书提供的 APK 程序直接使用即可。

任务 1　从云端传送点阵数据

本实训任务基于 Wi-Fi 技术，用手机向单片机传送汉字点阵。本任务中的单片机程序，可用上一项目的任一程序，基于片内 EEPROM 存储器的无须增加硬件，但汉字显示速度较慢；另外两个程序都需要增加存储器，但显示速度要快些。本任务所需的手机 APK 程序，可登录华信网页，在本书的电子资料包中下载；所需的 Wi-Fi 模块，须选用深圳四博智联科技有限公司的产品，因为该公司为 Wi-Fi 技术初学者提供了远程数据传输的网络条件。淘宝网上有售的四博 Wi-Fi 模块如图 8-1 所示。

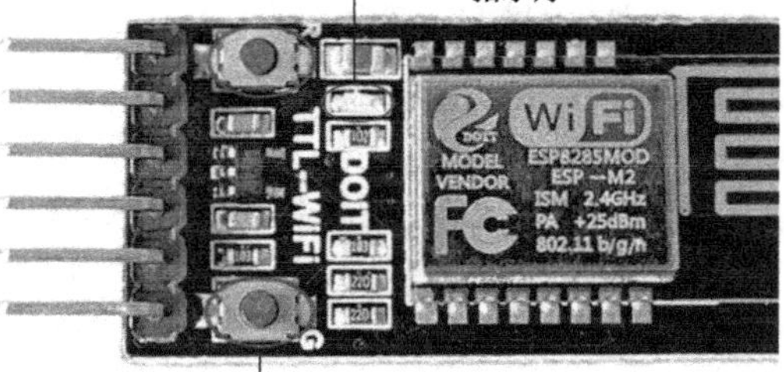

图 8-1　淘宝网上有售的四博 Wi-Fi 模块

Wi-Fi 模块有三种工作模式。第一种是 AP 模式，向外发射信号，供其他设备连接。第二种是 STA 模式，作为客户端，连接外部 Wi-Fi。第三种是 AP+STA 模式。从网上购得的四博 Wi-Fi 模块，默认为 AP 模式，其传输距离与蓝牙模块相同。要设置成 STA 模式，才能从云端进行数据传送。

在 PC 上用浏览器打开“tcp.doit.am”后，如图 8-2 所示，可获得一个临时的 IP 地址“115.29.109.104”和端口“6538”，这是一个非常宝贵的网络资源，利用它，初学者都有条件实现从云端向单片机传送点阵数据。

图 8-2　深圳四博提供的临时 IP 地址“115.29.109.104”和端口“6538”

下面按远程传送信息的要求，对模块进行相关设置。

步骤 1　给 Wi-Fi 模块通电，模块指示灯一亮一熄，打开手机的“设置”，打开“WLAN”功能，在手机的“WLAN”页面中，找到“Doit_WiFi_??????”热点名称并连接，如图 8-3 所示。

步骤 2　退出“设置”操作，打开浏览器，如图 8-4 所示，在浏览器地址栏输入“192.168.4.1”，然后单击“进入”按钮。进入网址后，就是模块的 Web 界面，如图 8-5 所示。

图 8-3　手机与“Doit_WiFi_??????”连接

图 8-4　在浏览器地址栏输入“192.168.4.1”

由 Web 配置页面可知，它有三个配置项目。本书只对中间项目进行配置。单击“MODULE”菜单，显示子菜单，如图 8-6 所示。

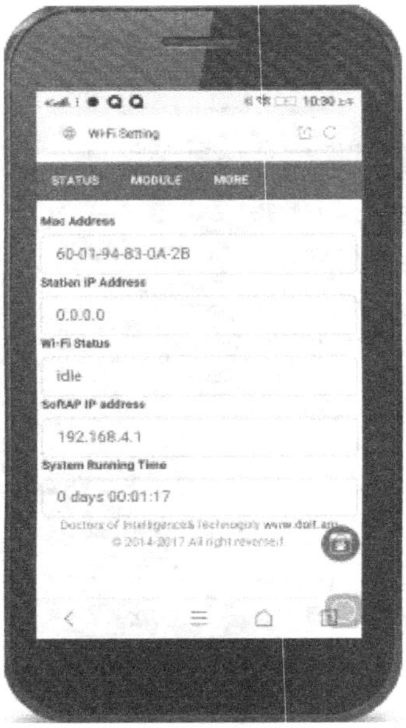

图 8-5　模块的 Web 界面

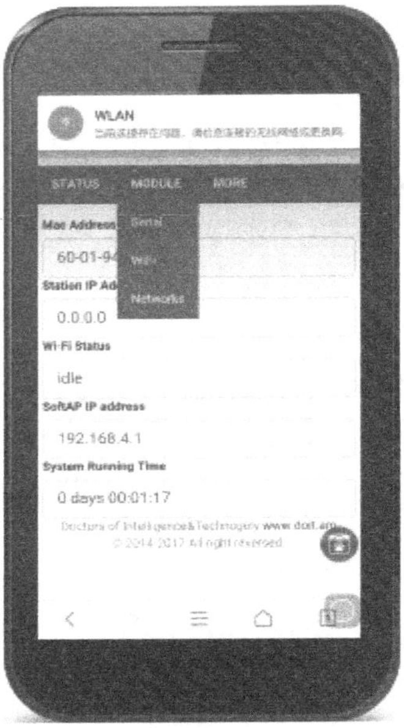

图 8-6　单击“MODULE”菜单

步骤 3　单击“Serial”子菜单，就进入串口配置页面，如图 8-7 所示。这是串行通信的属性页面，全部属性都可根据自己的需要来设定。这里都是默认值，如需要修改，可在修改后单击“Save”按钮保存，保存后会进入“Save OK”页面，单击“Return”按钮返回（图 8-8）。

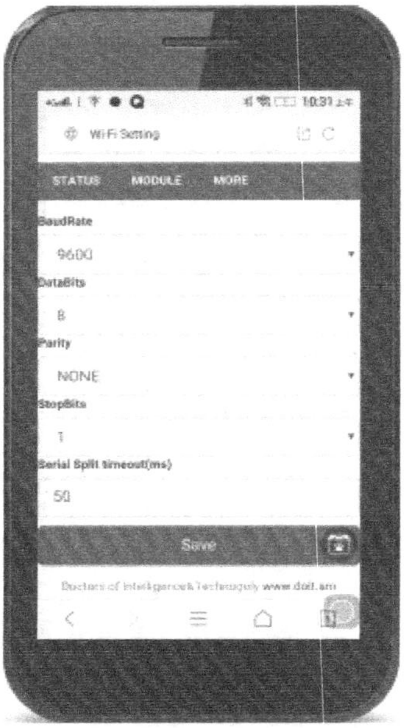

图 8-7　串口配置页面

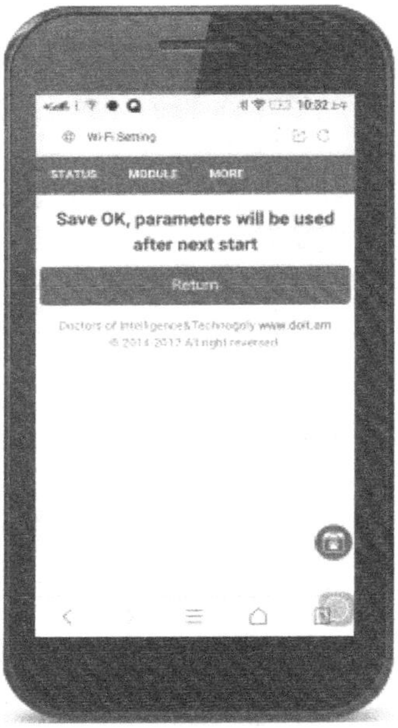

图 8-8　“Save OK”页面

步骤 4 单击 MODULE 菜单，再单击“Wi-Fi”子菜单，进入模块的 Wi-Fi 配置页面。如图 8-9 所示，在“Soft AP Settings”设置中，选中“Disable”，将 AP 功能禁用；在“Station Settings”设置中，选中“Enable”，将 STA 功能启用。进入 STA 设置页面，如图 8-10 所示。

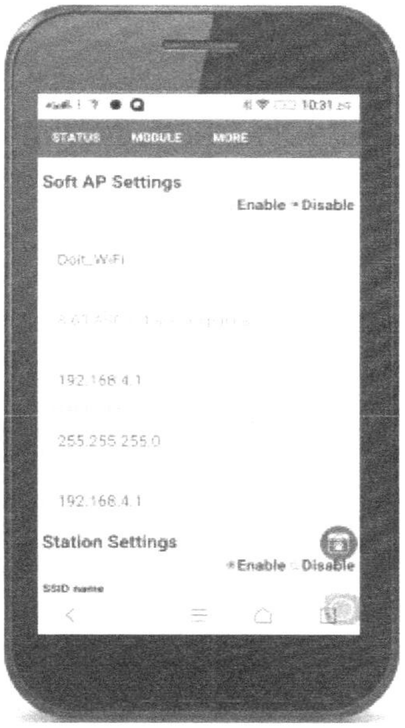

图 8-9 禁用 AP 功能，启用 STA 功能

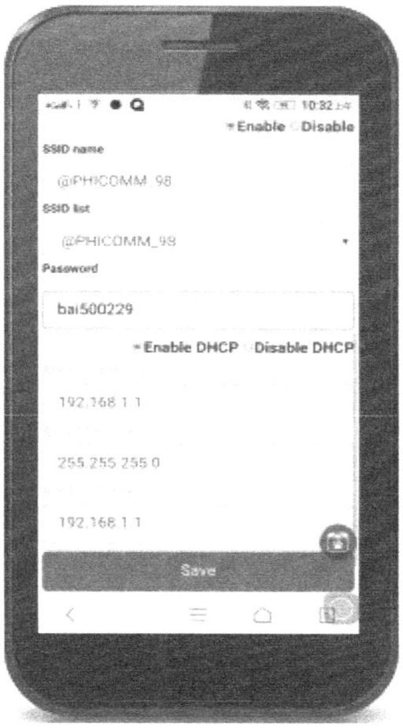

图 8-10 STA 设置页面

注意，打开 Wi-Fi 配置页面后，Wi-Fi 模块会自动扫描周边热点，并显示在“SSID list”下拉列表框中供选择。

步骤 5 在“SSID list”下拉列表框中选取正在使用的 Wi-Fi 名称，输入 Wi-Fi 密码，选中“Enable DHCP”，如图 8-10 所示，单击“Save”按钮保存，保存后进入保存成功页面，单击“Return”按钮返回。

步骤 6 单击“MODULE”菜单，再单击“Networks”子菜单，进入 Networks 设置界面，如图 8-11 所示，选中“TCP Client”(客户端)。

步骤 7 如图 8-12 所示，在“TCP Client”设置中，将获得的临时 IP 地址和端口号填入 IP 栏和端口栏，此后单击“Save”按钮，然后退出浏览器。

步骤 8 将 Wi-Fi 模块断电后重新通电，可看见其指示灯会由闪亮变为常亮，这就说明 Wi-Fi 模块已配网成功。同蓝牙模块一样，将 Wi-Fi 模块的 RXD 引脚接单片机的 TXD 引脚，将 Wi-Fi 模块的 TXD 引脚接单片机的 RXD 引脚，单片机可用 W29CX 编程实训的 HEX 程序运行。然后，进入手机“设置”，在“WLAN”页面中选择所使用的无线路由器，并在手机上运行关于 Wi-Fi 的 APK 程序，先在单片机开发板上按下 S2 开关，让单片机中断汉字显示而进入串行接收状态，在手机 APK 运行界面上单击任一按钮，即可看见 Wi-Fi 模块指示灯变为闪烁状态，这表示 Wi-Fi 模块正在串行传送数据，传送完成后，该指示灯变为常亮。同时，单片机也中断返回到汉字显示状态。由观察可知，Wi-Fi 模块的传输速率要高于蓝牙模块。图 8-13 是从云端传送点阵数据的实训操作图示。

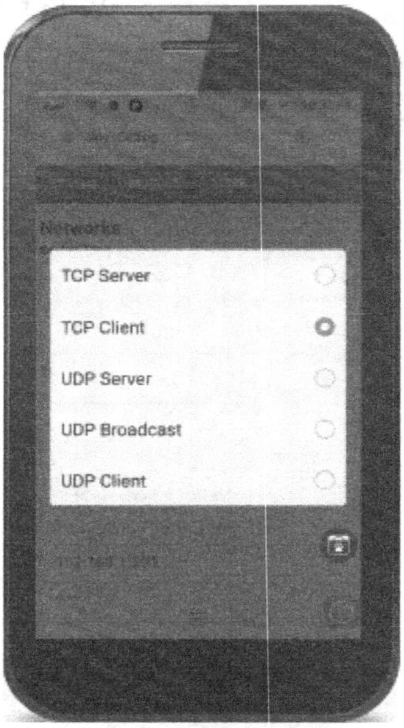

图 8-11　Networks 设置界面

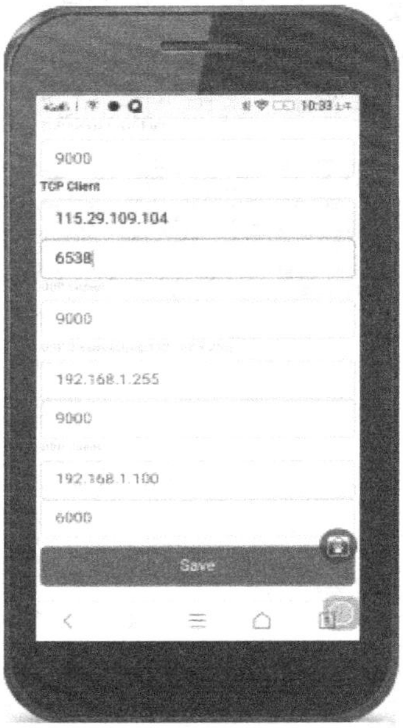

图 8-12　填写临时 IP 地址和端口号

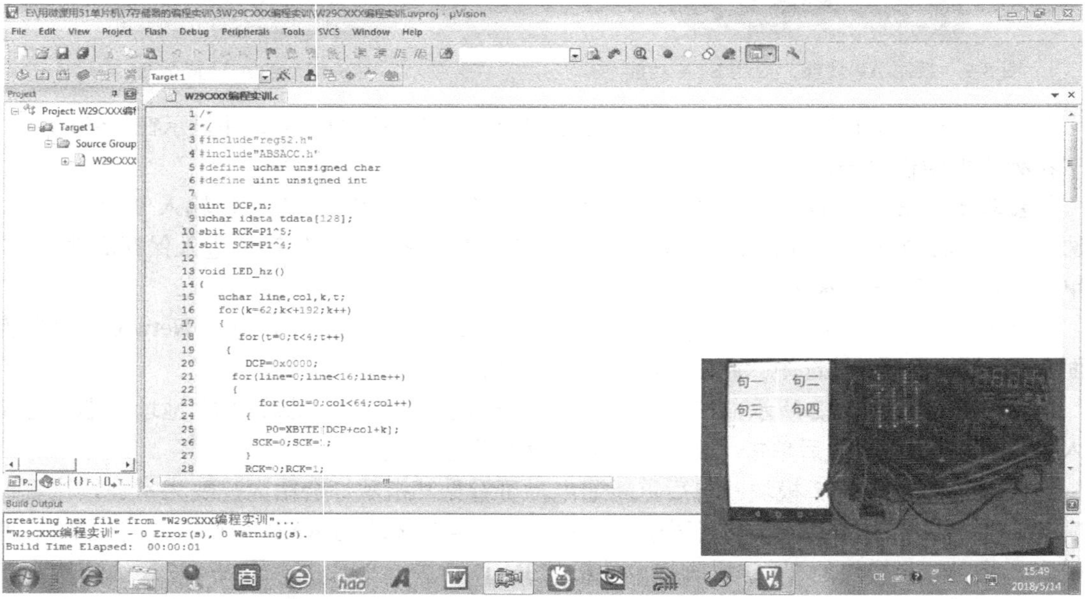

图 8-13　从云端传送点阵数据的实训操作图示

任务 2　从云端操控 8 路家电控制器

任务说明：本任务需要在手机上安装“Wi-Fi_8”APK 程序。这个手机 APK 运行界面上，有 8 对红绿字按钮。红字按钮用来关断电器，绿字按钮用来开通电器。单击红字“电器一关”，手机就用 Wi-Fi 串行功能发送“1”；单击绿字“电器一开”，手机就用 Wi-Fi 串行功能发送“2”；单击红字“电器八关”，手机就用 Wi-Fi 串行功能发送“15”；单击绿字“电器八开”，手机就用 Wi-Fi 串行功能发送“0”。要根据这个发送规则来设计单片机串行接收程序。“Wi-Fi_8” APK 程序可在华信网上下载。

8 路家电控制器由单片机开发板和两块四路继电器模块组成。四路继电器模块可购买成品，淘宝网上有售，要购买两块。四路继电器模块如图 8-14 所示。用两块四路继电器模块和单片机开发板组成的 8 路家电控制器如图 8-15 所示。

图 8-14　四路继电器模块

图 8-15　8 路家电控制器

步骤 1　在 Keil 编程环境中，打开“数码管的四位数显示”项目文件，复制“数码管的四位数显示.c”文件中的全部代码。

步骤 2　新建项目。依次打开 E 盘→“用微课学 51 单片机”文件夹，新建并打开“8 用 Wi-Fi 模块实现云端操控”文件夹，再新建并打开“2 云端操控 8 路家电”文件夹，将项目文件命名为“云端操控 8 路家电”，保存后选择单片机型号。

步骤 3　新建文件，在新文件编辑区中粘贴所复制的代码，新增 aa,bb,cc,…,hh 共 8 个位寻址变量的定义，用来控制 8 个继电器，另外定义无符号字节型变量 cont。

步骤 4　在 main()函数前面，定义串行中断服务函数 ront()，串行中断函数的主体是一条 switch 语句，这条 switch 语句有 16 条 case 子句，case 1 用来关闭继电器 1，数码显示“1111”；case 2 用来接通继电器 1，数码管显示“0011”；case 3 用来关闭继电器 2，数码管显示“2222”；case 4 用来接通继电器 2，数码管显示“0022”；case 15 用来关闭继电器 8，数码管显示“8888”；case 0 用来接通继电器 8，数码管显示“0088”。

步骤 5　在 main()函数中增加设置串行通信的相关语句。将新文件保存为“云端操控 8 路家电.c”，并将其添加到项目中，设置输出属性。

步骤 6　完成项目的编译链接，用 STC 烧录软件打开项目的 HEX 文件并下载到单片机上。

步骤 7　关断单片机的电源，将 Wi-Fi 模块的 RXD 引脚、TXD 引脚分别与单片机的 TXD 引脚、RXD 引脚相连。

步骤 8 给单片机通电，Wi-Fi 模块指示灯先闪烁发光。稍后，Wi-Fi 模块指示灯由闪烁变为常亮，说明 Wi-Fi 模块配网成功，可以接收云端操作。

步骤 9 将“Wi-Fi_8”APK 程序（可从华信网下载）下载到手机上，让手机连接上可用的 Wi-Fi（或打开手机流量），运行“Wi-Fi_8”，单击各控制按钮，可看见 Wi-Fi 模块指示灯闪烁，数码管有数字显示，继电器会发出吸合声，继电器指示灯也相应发光显示接通，如图 8-16、图 8-17 所示。

图 8-16 手机操作界面

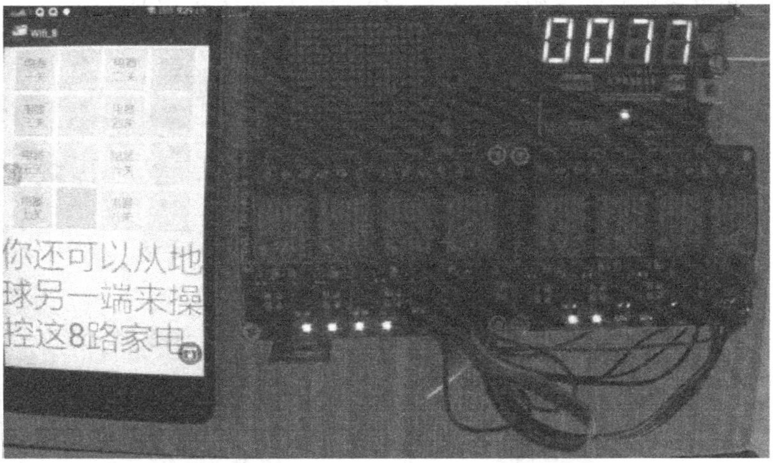

图 8-17 将接通继电器 7 的提示（显示结束才接通）

本任务的源程序如下。

```
//
#include"reg52.h"
#define uchar unsigned char

sbit qw=P2^0;
sbit bw=P2^1;
sbit sw=P2^2;
sbit gw=P2^3;

sbit aa=P1^1;
sbit bb=P1^2;
sbit cc=P1^3;
sbit dd=P1^4;
sbit ee=P1^5;
sbit ff=P1^6;
sbit gg=P1^7;
sbit hh=P2^7;

uchar cont;

void delay()
{
  int x;
```

```
  for(x=0;x<250;x++)
      ;
}

void disp_LEDS(int m)
{
  int n;
  uchar code num[10]={0xc0,0xf9,0xa4,0xb0,0x99,0x92,0x82,0xf8,0x80,0x90};

  //
  n=m/1000;//
  P0=num[n];
  qw=0;
  delay();
  qw=1;

  //
  n=m/100%10;//
  P0=num[n];
  bw=0;
  delay();
  bw=1;

  //
  n=m/10%10;//
  P0=num[n];
  sw=0;
  delay();
  sw=1;

  //
  n=m%10;//
  P0=num[n];
  gw=0;
  delay();
  gw=1;
}

void ront() interrupt 4
{
    uchar n;
    if(RI)
    {
       RI=0;
       cont=SBUF;
       switch(cont)
       {
```

```
            case 1: for(n=1;n<30;n++) disp_LEDS(1111);aa=1;break;
            case 2: for(n=1;n<30;n++) disp_LEDS(11);aa=0;break;
            case 3: for(n=1;n<30;n++) disp_LEDS(2222);bb=1;break;
            case 4: for(n=1;n<30;n++) disp_LEDS(11);bb=0;break;
            case 5: for(n=1;n<30;n++) disp_LEDS(3333);cc=1;break;
            case 6: for(n=1;n<30;n++) disp_LEDS(33);cc=0;break;
            case 7: for(n=1;n<30;n++) disp_LEDS(4444);dd=1;break;
            case 8: for(n=1;n<30;n++) disp_LEDS(44);dd=0;break;
            case 9: for(n=1;n<30;n++) disp_LEDS(5555);ee=1;break;
            case 10: for(n=1;n<30;n++) disp_LEDS(55);ee=0;break;
            case 11: for(n=1;n<30;n++) disp_LEDS(6666);ff=1;break;
            case 12: for(n=1;n<30;n++) disp_LEDS(66);ff=0;break;
            case 13: for(n=1;n<30;n++) disp_LEDS(7777);gg=1;break;
            case 14: for(n=1;n<30;n++) disp_LEDS(77);gg=0;break;
            case 15: for(n=1;n<30;n++) disp_LEDS(8888);hh=1;break;
            case 0: for(n=1;n<30;n++) disp_LEDS(11);hh=0;break;
         }
      }
}

main()
{
   IE=0x85;
   SCON=0x50;
   TMOD=0x20;
   TH1=0xfd;
   TL1=0xfd;
   TR1=1;
   EA=1;
   ES=1;
   while(1)
   {

   }
}
```

9 项目九

A/D 与 D/A 转换

任务 1　ADC0804 编程实训

ADC0804 是逐次比较型 A/D 转换器，它采用 CMOS 工艺 20 引脚集成电路芯片，分辨率为 8 位，转换时间为 100μs，输入电压范围为 0～5V。芯片内具有三态输出数据锁存器，可直接连接在数据总线上。图 9-1 是 ADC0804 的引脚功能图，图 9-2 是 ADC0804 与 51 单片机的接口电路。ADC0804 的 CLKR 引脚接单片机的 ALE 引脚，省去了时钟元件。

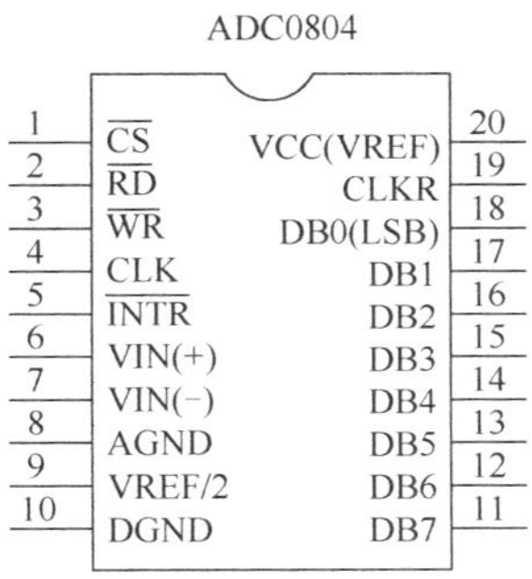

图 9-1　ADC0804 引脚功能图

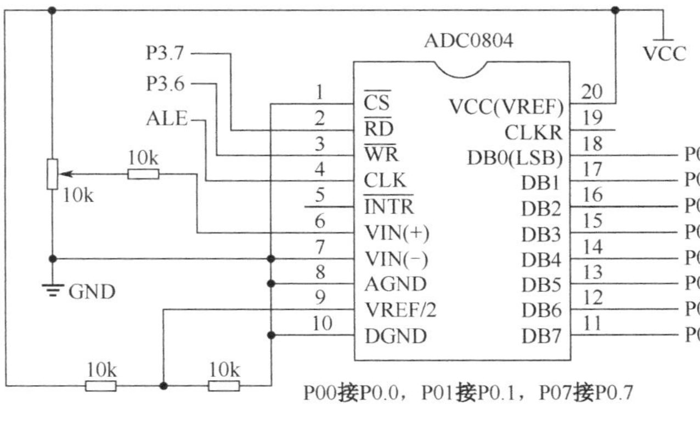

图 9-2　ADC0804 与 51 单片机的接口电路

在本书所配的单片机开发板上，ADC0804 应插在 IC2DIP20 插座上，LJ2、LJ3 应用短路帽接通。调节 JDQ1 电位器，可调节输入模拟量的大小。

步骤 1　在 Keil 环境中，打开“数码管的四位数显示”项目，复制其 C 程序代码。

步骤 2　新建项目。依次打开 E 盘→“用微课学 51 单片机”文件夹，新建并打开“9A 与 D 及 D 与 A 转换编程实训”，再新建并打开“1ADC0804 编程实训”文件夹，将项目文件命名为“ADC0804 编程实训”，保存后选择单片机型号。

步骤 3　新建文件，在新文件编辑区粘贴所复制的代码。首先，增加“#include"intrins.h"”命令。然后，在位寻址定义部分增加“sbit WRI=P3^6;”和“sbit RE=P3^7;”。

步骤 4 参照后面给出的源程序，完成 main()函数的修改。

步骤 5 将新建文件保存为“ADC0804 编程实训.c”，并添加到项目中，然后设定输出位置，完成项目的编译链接后，用 STC 烧录软件打开项目的 HEX 文件，将其下载到单片机上。

步骤 6 运行程序，调节取样电位器形成模拟量变化，就能看到数码管示数的同步变化，如图 9-3 所示。

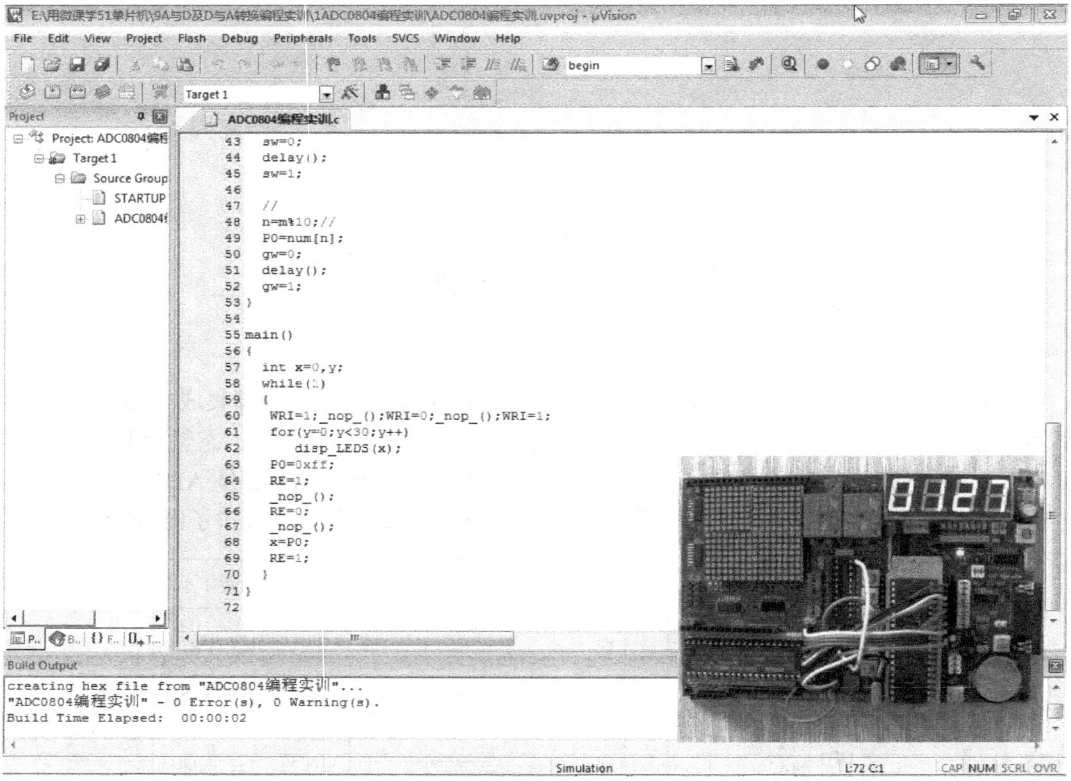

图 9-3 ADC0804 模数转换效果图

本任务的源程序如下。

```
//
#include"reg52.h"
#include"intrins.h"
#define uchar unsigned char

sbit qw=P2^0;
sbit bw=P2^1;
sbit sw=P2^2;
sbit gw=P2^3;

sbit WRI=P3^6;
sbit RE=P3^7;
```

```
void delay()
{
  int x;
  for(x=0;x<250;x++)
      ;
}

void disp_LEDS(int m)
{
  int n;
  uchar code num[10]={0xc0,0xf9,0xa4,0xb0,0x99,0x92,0x82,0xf8,0x80,0x90};

  //
  n=m/1000;//
  P0=num[n];
  qw=0;
  delay();
  qw=1;

  //
  n=m/100%10;//
  P0=num[n];
  bw=0;
  delay();
  bw=1;

  //
  n=m/10%10;//
  P0=num[n];
  sw=0;
  delay();
  sw=1;

  //
  n=m%10;//
  P0=num[n];
  gw=0;
  delay();
  gw=1;
}

main()
{
  int x=0,y;
  while(1)
  {
   WRI=1;_nop_();WRI=0;_nop_();WRI=1;
```

```
    for(y=0;y<30;y++)
        disp_LEDS(x);
     P0=0xff;
     RE=1;
     _nop_();
        RE=0;
         _nop_();
         x=P0;
         RE=1;
        }
}
```

任务 2 DAC0832 编程实训

DAC0832 是 8 位分辨率的 D/A 转换电路芯片，采用单电源供电。它有三种转换工作方式：数据输入采用两级锁存，数据输入采用一级锁存一级直通，数据输入采用两级直通。图 9-4 是 DAC0832 的引脚功能图。图 9-5 是 DAC0832 与 51 单片机的接口电路，为两级直通方式。

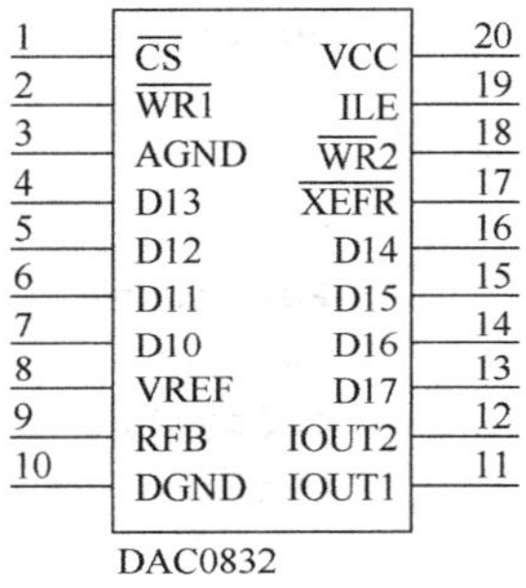

图 9-4 DAC0832 引脚功能图

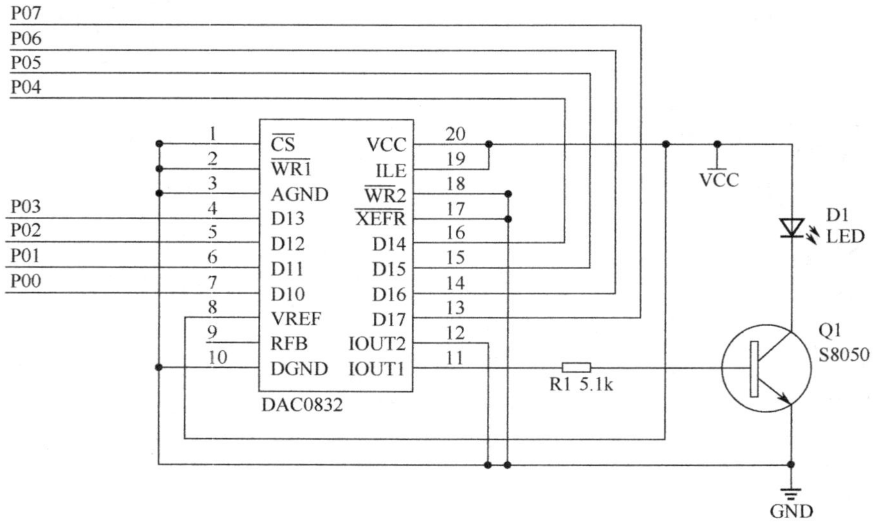

图 9-5 DAC0832 与单片机的接口电路

在本书所配的单片机开发板上，DAC0832 应插在 IC2DIP20 插座上，LJ4 应用短路帽接通。

步骤 1　在 Keil 编程环境中，打开“数码管的四位数显示”项目，复制其 C 程序代码。

步骤 2　新建项目。依次打开 E 盘→“用微课学 51 单片机”→“9A 与 D 及 D 与 A 转换编程实训”，新建并打开“2DAC0832 编程实训”，将项目文件命名为“DAC0832 编程实训”，保存后选择单片机型号。

步骤 3　新建文件，在新文件编辑区中粘贴步骤 1 所复制的代码。

步骤 4　修改 main()函数。

```
main()
{
  int x,y;
  while(1)
    for(x=0;x<=255;x=x+5)
    {
       P1=x;
       for(y=0;y<30;y++)
          disp_LEDS(x);
    }
}
```

步骤 5　将新建文件保存为“DAC0832 编程实训.c”后添加到项目中，然后设定输出位置，编译链接后，用 STC 烧录软件打开项目的 HEX 文件并下载到单片机上运行，就能看到发光管的亮度随着数码管显示数的增大而增大，如图 9-6 所示。

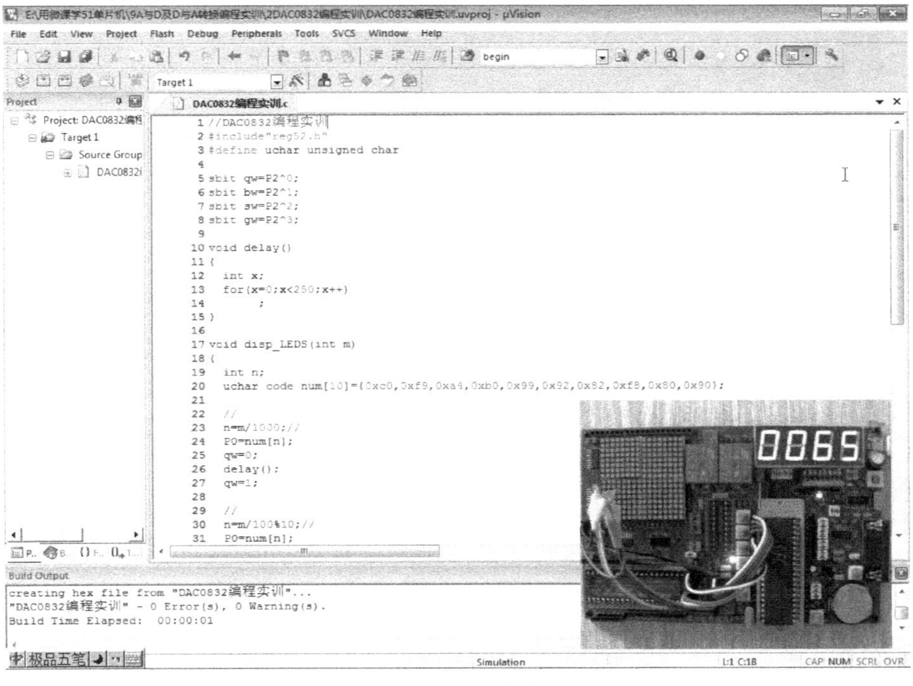

图 9-6　DAC0832 数模转换效果图

本任务的源程序如下。

```
//DAC0832编程实训
#include"reg52.h"
#define uchar unsigned char

sbit qw=P2^0;
sbit bw=P2^1;
sbit sw=P2^2;
sbit gw=P2^3;

void delay()
{
  int x;
  for(x=0;x<250;x++)
      ;
}

void disp_LEDS(int m)
{
  int n;
  uchar code num[10]={0xc0,0xf9,0xa4,0xb0,0x99,0x92,0x82,0xf8,0x80,0x90};

  //
  n=m/1000;//
  P0=num[n];
  qw=0;
  delay();
  qw=1;

  //
  n=m/100%10;//
  P0=num[n];
  bw=0;
  delay();
  bw=1;

  //
  n=m/10%10;//
  P0=num[n];
  sw=0;
  delay();
  sw=1;

  //
  n=m%10;//
  P0=num[n];
  gw=0;
```

```
    delay();
    gw=1;
  }

  main()
  {
    int x,y;
    while(1)
      for(x=0;x<=255;x=x+5)
      {
         P1=x;
         for(y=0;y<30;y++)
            disp_LEDS(x);
      }
  }
```

10

项目十

LCD 液晶屏编程实训

单片机电路板上常用的 LCD 液晶屏分别是 LCD1602 和 LCD12864。LCD1602 有 16 只引脚，LCD12864 有 20 只引脚，如图 10-1 所示。与本书相配的单片机开发板上，这两个 LCD 器件与 51 单片机的接口电路如图 10-2 所示。

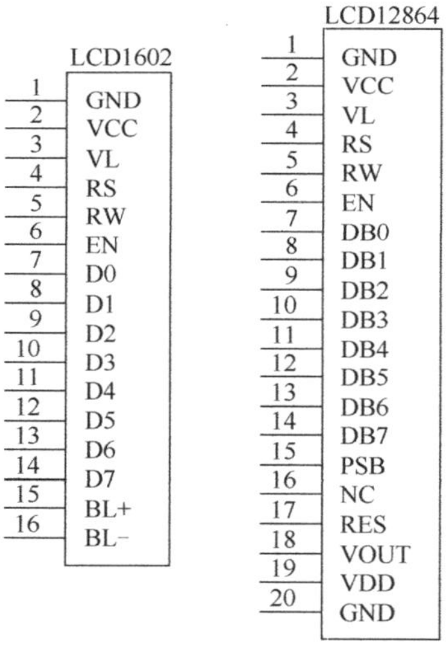

图 10-1　LCD1602、LCD12864 引脚图

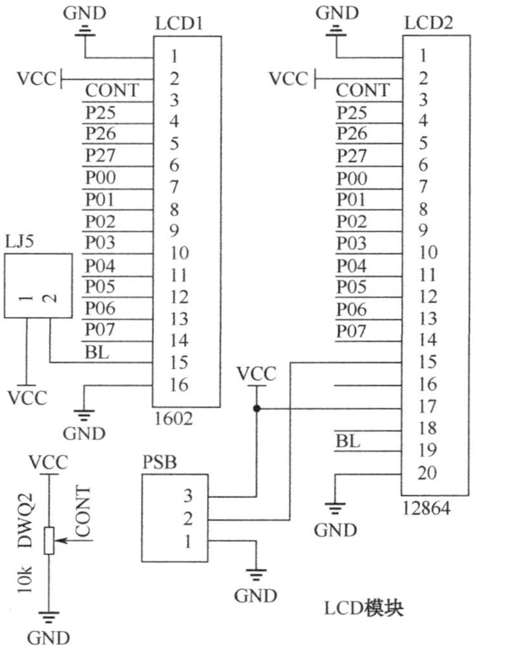

图 10-2　LCD1602、LCD12864 与单片机的接口电路

任务 1　LCD1602 编程实训

步骤 1　在 Keil 编程环境中，新建项目。依次打开 E 盘→“用微课学 51 单片机”文件夹，新建并打开“10LCD 液晶屏编程实训”文件夹，再新建并打开“1LCD1602 编程实

训”文件夹，将项目文件命名为“LCD1602 编程实训”，保存后选择单片机型号。

步骤 2　新建文件。在新文件编辑区中，输入源程序。第 1、2 行为注释，第 3、4 行为包含头文件“reg52.h”和“intrins.h”的命令，第 5、6 行是无符号字符型、无符号整型两个宏定义，第 7 为空行，第 8、9、10 行定义寻址变量 RS、RW、EP。然后，定义 delayx()函数，定义标志检测函数 lcd_bz()，定义写入 LCD 液晶屏函数 lcd_wcmd()，定义 lcd_pos()函数，定义 lcd_wdat ()函数，定义 lcd_init()函数，定义 main()函数。

```
main()
{
    lcd_init();
    delayx(10);
    while(1)
    {
       lcd_pos(2);
       lcd_wdat(2+48);          //显示2
       lcd_wdat(0+48);          //显示0

     }
}
```

步骤 3　将新文件保存为“LCD1602 编程实训.c”，并添加到项目中，然后设定输出位置，完成项目的编译链接后，用 STC 烧录软件打开项目的 HEX 文件，将其下载到单片机上运行，可以看到 LCD1602 显示“20”，这说明 LCD1602 已被成功编程。

步骤 4　单击任务栏上的文件夹图标，打开 E 盘，直到打开“3DS1302 编程实训”文件夹，右击“DS1302 编程实训.c”文件，用“记事本”打开该文件，打开后复制位寻址变量 SCLK 定义行至数组 Utime 定义行的 6 行（有一空行）代码。然后，转到 Keil 编程环境，在第 10 行后进行粘贴，粘贴后再将无符号变量定义改为 dh 数组定义。

步骤 5　转到“记事本”窗口，选中所有专用于 DS1302 的函数进行复制，然后转到 Keil 编程环境，在 main()函数前面进行粘贴，再将 main()函数按下面所示进行修改。

```
main()
{
lcd_init();
delayx(10);
while(1)
    {
       lcd_pos(2);
       lcd_wdat(2+48);
       lcd_wdat(0+48);
        lcd_wdat(Utime[6]/10+48);
        lcd_wdat(Utime[6]%10+48);
        lcd_wdat(dh[0]);
        lcd_wdat(Utime[4]/10+48);
        lcd_wdat(Utime[4]%10+48);
        lcd_wdat(dh[0]);
        lcd_wdat(Utime[3]/10+48);
```

```
            lcd_wdat(Utime[3]%10+48);
            lcd_wdat(dh[0]);
            lcd_pos(13);
            lcd_wdat(Utime[5]%10+48);
            lcd_pos(0x40);
            lcd_wdat(Utime[2]/10+48);
            lcd_wdat(Utime[2]%10+48);
            lcd_wdat(dh[1]);
            lcd_wdat(Utime[1]/10+48);
            lcd_wdat(Utime[1]%10+48);
            lcd_wdat(dh[1]);
            lcd_wdat(Utime[0]/10+48);
            lcd_wdat(Utime[0]%10+48);
            Get1302();
        }
    }
```

步骤 6 保存修改后的文件，重新完成项目的编译链接后，用 STC 烧录软件打开项目的 HEX 文件，将其下载到单片机上运行。此时可看到，LCD1602 上显示的秒数在变化，如图 10-3 所示。

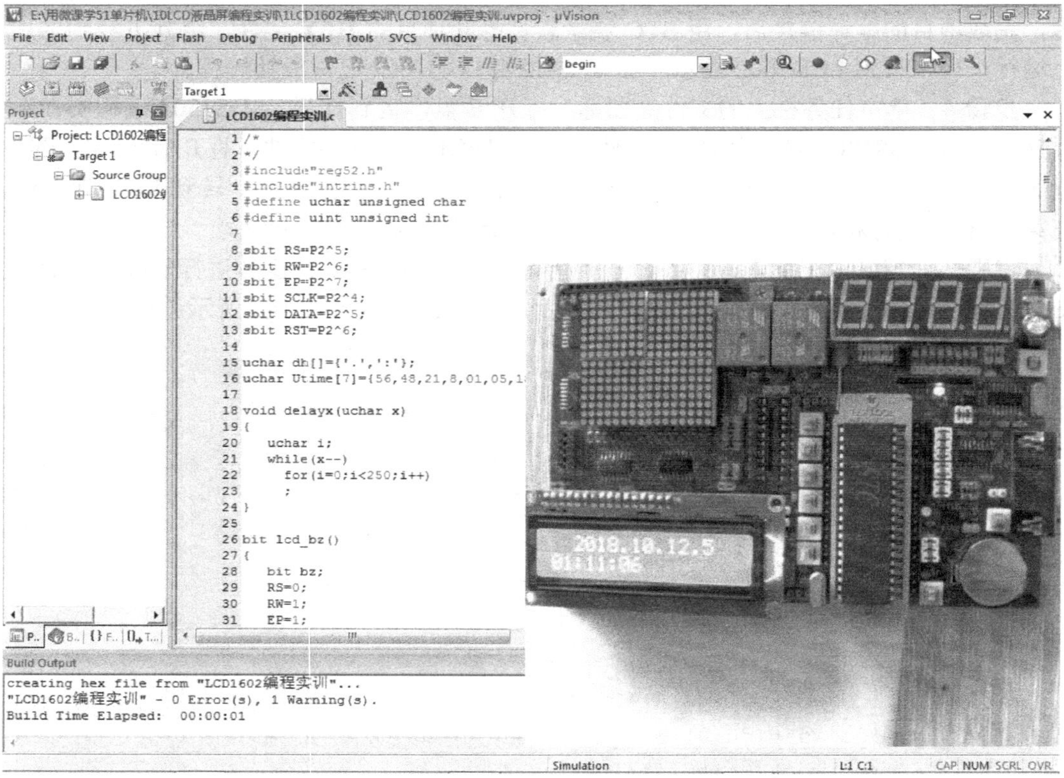

图 10-3 LCD1602 编程实训程序运行效果图

本编程实训的源程序如下。

```
/*
*/
#include"reg52.h"
#include"intrins.h"
#define uchar unsigned char
#define uint unsigned int

sbit RS=P2^5;
sbit RW=P2^6;
sbit EP=P2^7;
sbit SCLK=P2^4;
sbit DATA=P2^5;
sbit RST=P2^6;

uchar dh[]={'.',':'};
uchar Utime[7]={56,48,21,8,01,05,18};

void delayx(uchar x)
{
   uchar i;
   while(x--)
     for(i=0;i<250;i++)
       ;
}

bit lcd_bz()
{
   bit bz;
   RS=0;
   RW=1;
   EP=1;
   _nop_();
   _nop_();
   _nop_();
   _nop_();
   bz=(bit)(P0&0x80);
   EP=0;
   return bz;
}

void lcd_wcmd(uchar cmd)
{
    while(lcd_bz());
    RS=0;
```

```
    RW=0;
    EP=0;
   _nop_();
   _nop_();
   P0=cmd;
   _nop_();
   _nop_();
   _nop_();
   _nop_();
   EP=1;
   _nop_();
   _nop_();
   _nop_();
   _nop_();
   EP=0;
}

void lcd_pos(uchar pos)
{
   lcd_wcmd(pos|0x80);
}

void lcd_wdat(uchar dat)
{
    while(lcd_bz());
    RS=1;
    RW=0;
    EP=0;
    P0=dat;
    _nop_();
   _nop_();
   _nop_();
   _nop_();
   EP=1;
   _nop_();
   _nop_();
   _nop_();
   _nop_();
   EP=0;
}

void lcd_init()
{
   lcd_wcmd(0x38);
   delayx(1);
   lcd_wcmd(0x0c);
```

```
    delayx(1);
    lcd_wcmd(0x06);
    delayx(1);
    lcd_wcmd(0x01);
    delayx(1);
}

void Wbit1302(uchar dat)
{
    uchar i;
    for(i=0;i<8;i++)
    {
        SCLK=0;
        DATA=dat&0x01;
        SCLK=1;
        dat>>=1;
    }
}

void Wbyte1302(uchar Cmd,uchar dat)
{
     RST=0;
     SCLK=0;
     RST=1;
     Wbit1302(Cmd);
     Wbit1302(dat);
     SCLK=1;
     RST=0;
}

uchar Rbit1302()
{
    uchar i,dat;
    for(i=0;i<8;i++)
    {
        SCLK=0;
        dat>>=1;
        if(DATA==1)
          dat|=0x80;
        SCLK=1;
    }
    return dat;
}

uchar Rbyte1302(uchar Cmd)
{
```

```
    uchar dat,k;
    RST=0;
    SCLK=0;
    RST=1;
    Wbit1302(Cmd);
    dat=Rbit1302();
    SCLK=1;
    RST=0;
    k=dat/16;
    dat=dat%16+k*10;
    return dat;
}

void Puts1302()
{
   uchar i,j;
   uchar ucAddr=0x80;
   Wbyte1302(0x8e,0x00);
   for(i=0;i<7;i++)
   {
     j=Utime[i];
     Wbyte1302(ucAddr,j);
     ucAddr+=2;
   }
   Wbyte1302(0x8e,0x80);
}

void Get1302()
{
    uchar i;
    uchar ucAddr=0x81;
    for(i=0;i<7;i++)
    {
       Utime[i]=Rbyte1302(ucAddr);
       ucAddr+=2;
    }
}

main()
{
    lcd_init();
    delayx(10);
    while(1)
    {
      lcd_pos(2);
      lcd_wdat(2+48);
```

```
        lcd_wdat(0+48);
         lcd_wdat(Utime[6]/10+48);
         lcd_wdat(Utime[6]%10+48);
         lcd_wdat(dh[0]);
         lcd_wdat(Utime[4]/10+48);
         lcd_wdat(Utime[4]%10+48);
         lcd_wdat(dh[0]);
         lcd_wdat(Utime[3]/10+48);
         lcd_wdat(Utime[3]%10+48);
         lcd_wdat(dh[0]);
         lcd_pos(13);
         lcd_wdat(Utime[5]%10+48);
         lcd_pos(0x40);
         lcd_wdat(Utime[2]/10+48);
         lcd_wdat(Utime[2]%10+48);
         lcd_wdat(dh[1]);
         lcd_wdat(Utime[1]/10+48);
         lcd_wdat(Utime[1]%10+48);
         lcd_wdat(dh[1]);
         lcd_wdat(Utime[0]/10+48);
         lcd_wdat(Utime[0]%10+48);
         Get1302();
      }
  }
```

任务 2　LCD12864 编程实训

步骤 1　在 Keil 编程环境中，打开“LCD1602 编程实训”项目，复制“LCD1602 编程实训.c”文件中的全部代码。

步骤 2　新建项目。依次打开 E 盘→“用微课学 51 单片机”→“10LCD 液晶屏编程实训”文件夹，新建并打开“2LCD12864 编程实训”文件夹，将项目文件命名为“LCD12864 编程实训”，保存后选择单片机型号。

步骤 3　新建文件，在新文件编辑区中粘贴所复制的代码。首先将关于读写 DS1302 的代码全部删除，再将关于三总线的位寻址变量删除。然后，将数组代码改为 4 个字符数组定义。

步骤 4　修改 lcd_pos()函数定义，见后面的源程序。

步骤 5　完成 main()函数的修改，见后面的源程序。

步骤 6　将新建文件保存为“LCD12864 编程实训.c”，并添加到项目中，然后设定输出位置，完成项目的编译链接后，用 STC 烧录软件打开项目的 HEX 文件，将其下载到单片机上运行，就能看到 LCD12864 上的汉字显示，如图 10-4 所示。

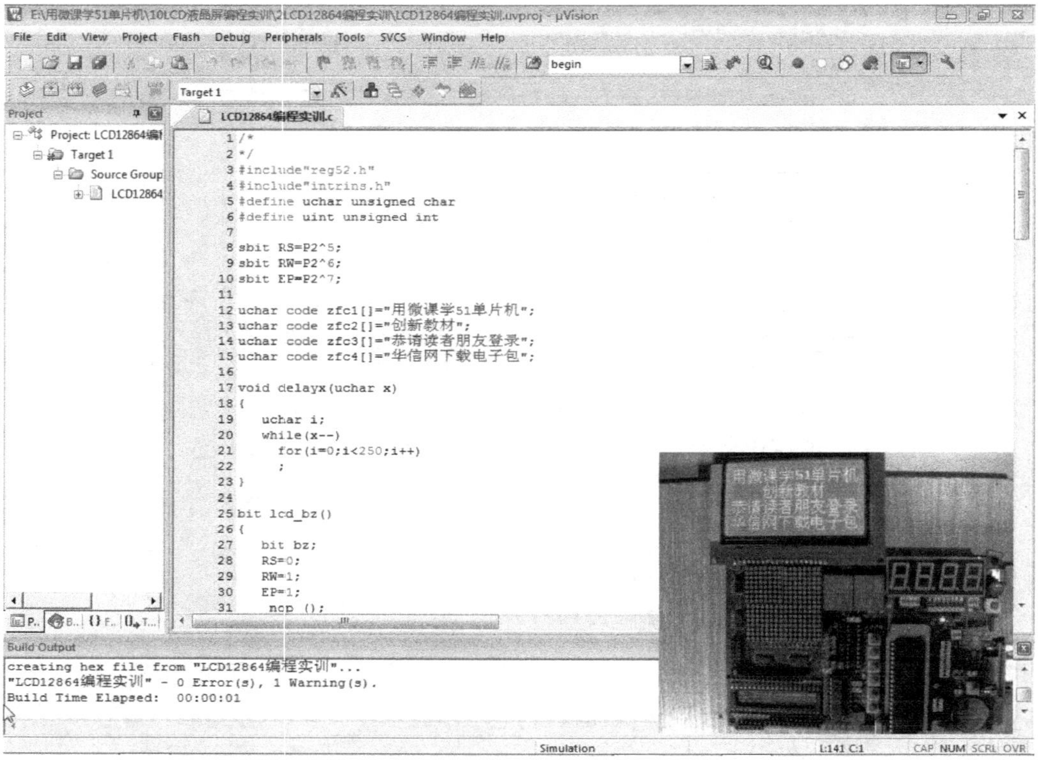

图 10-4 LCD12864 编程实训程序运行效果图

本任务的源程序如下。

```
/*
*/
#include"reg52.h"
#include"intrins.h"
#define uchar unsigned char
#define uint unsigned int

sbit RS=P2^5;
sbit RW=P2^6;
sbit EP=P2^7;

uchar code zfc1[]="用微课学51单片机";
uchar code zfc2[]="创新教材";
uchar code zfc3[]="恭请读者朋友登录";
uchar code zfc4[]="华信网下载电子包";

void delayx(uchar x)
{
  uchar i;
  while(x--)
    for(i=0;i<250;i++)
      ;
```

```
}

bit lcd_bz()
{
   bit bz;
   RS=0;
   RW=1;
   EP=1;
   _nop_();
   _nop_();
   _nop_();
   _nop_();
   bz=(bit)(P0&0x80);
   EP=0;
   return bz;
}

void lcd_wcmd(uchar cmd)
{
   while(lcd_bz());
   RS=0;
   RW=0;
   EP=0;
   _nop_();
   _nop_();
   P0=cmd;
   _nop_();
   _nop_();
   _nop_();
   _nop_();
   EP=1;
   _nop_();
   _nop_();
   _nop_();
   _nop_();
   EP=0;
}

void lcd_pos(uchar X,uchar Y)
{
  uchar pos;
  if(X==0)
     X=0x80;
  else if(X==1)
         X=0x90;
       else if(X==2)
                X=0x88;
```

```
                else if(X==3)
                        X=0x98;
   pos=X+Y;
   lcd_wcmd(pos);
  }

  void lcd_wdat(uchar dat)
  {
     while(lcd_bz());
     RS=1;
     RW=0;
     EP=0;
     P0=dat;
     _nop_();
    _nop_();
    _nop_();
    _nop_();
    EP=1;
    _nop_();
    _nop_();
    _nop_();
    _nop_();
    EP=0;
  }

  void lcd_init()
  {
    lcd_wcmd(0x38);
    delayx(1);
    lcd_wcmd(0x0c);
    delayx(1);
    lcd_wcmd(0x06);
    delayx(1);
    lcd_wcmd(0x01);
    delayx(1);
  }

  main()
  {
     uchar i;
     lcd_init();

     lcd_pos(0,0);
     i=0;
     while(zfc1[i]!='\0')
     {
        lcd_wdat(zfc1[i]);
```

```
        i++;
    }

    lcd_pos(1,2);
    i=0;
    while(zfc2[i]!='\0')
    {
        lcd_wdat(zfc2[i]);
        i++;
    }

    lcd_pos(2,0);
    i=0;
    while(zfc3[i]!='\0')
    {
        lcd_wdat(zfc3[i]);
        i++;
    }

    lcd_pos(3,0);
    i=0;
    while(zfc4[i]!='\0')
    {
        lcd_wdat(zfc4[i]);
        i++;
    }
}
```

11

项目十一

红外解码、超声波测距、步进电机、矩阵键盘编程实训

本项目实训所需的三个元件如图 11-1 所示。它们都可在淘宝网上从深圳育松电子购买。

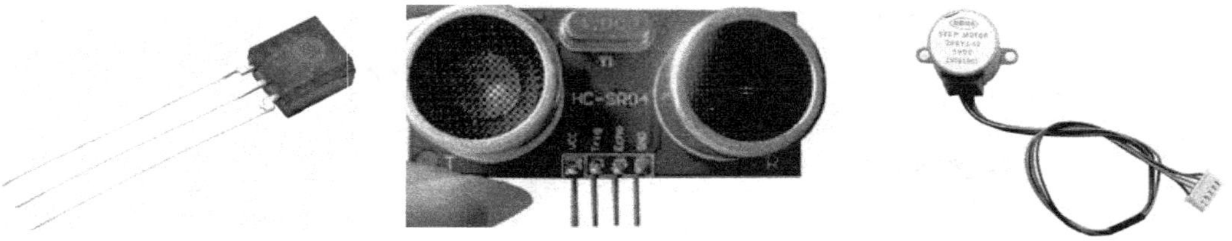

图 11-1　红外接收头 HS0038、超声波发射接收头 HC-SR04、5V 步进电机实物图

任务 1　HS0038 红外解码编程实训

HS0038 与单片机的连接非常简单，其 out 引脚接在外中断 0 的输入引脚上。

步骤 1　在 Keil 编程环境中，新建项目。依次打开 E 盘→“用微课学 51 单片机”文件夹，新建并打开“11 红外解码超声测距步进电机矩阵键盘编程”文件夹，再新建并打开“1HS0038 红外解码编程实训”文件夹，将项目文件命名为“HS0038 红外解码编程实训”，保存后选择单片机型号。

步骤 2　新建文件。在新文件编辑区输入程序代码。第 1 行为包含“reg52.h”头文件，第 3～6 行定义位寻址变量、位变量、无符号字符数组及变量、无符号整型变量。

步骤 3　第 8～11 行定义 delay1000()函数，第 13～16 行定义 delay882()函数，第 18～21 行定义 delay4741()函数。

步骤 4　第 23～46 行定义 DeCode()函数。

步骤 5　第 48～91 行定义 Int0()函数。

步骤 6　第 93～99 行定义 main()函数。

步骤 7　将新建文件保存为“HS0038 红外解码编程实训.c”，并添加到项目中，然后设定输出位置，完成项目的编译链接后，用 STC 烧录软件打开项目的 HEX 文件，将其下载到单片机上运行。运行时，每当在红外发射器上按某数字键，就能看到相应的数字显示，如图 11-2 所示。

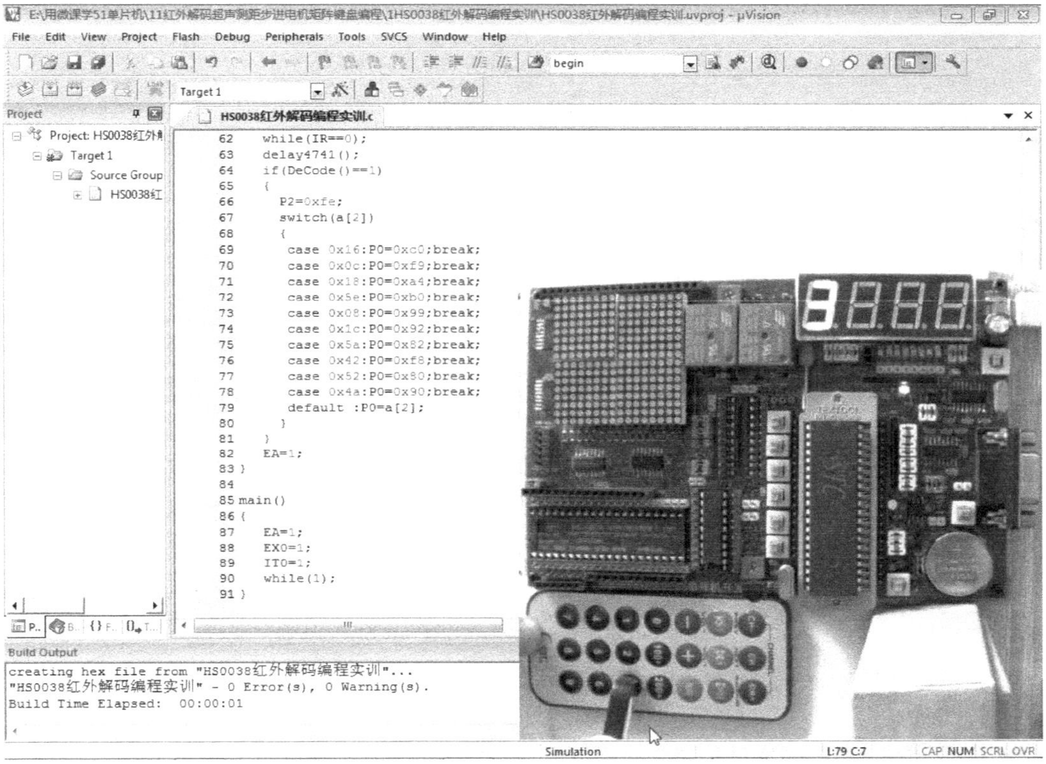

图 11-2　HS0038 红外解码编程实训程序运行效果图

本任务的源程序如下。

```
/*
*/
#include"reg52.h"

sbit IR=P3^2;
bit fc=0;
unsigned char a[4],r,i,j,temp;
unsigned b;

void delay1000()
{
   for(b=1;b<125;b++);
}

void delay882()
{
```

```
    for(b=1;b<110;b++);
}

void delay4741()
{
    for(b=1;b<787;b++);
}

bit DeCode()
{
    for(i=0;i<4;i++)
    {
        for(j=0;j<8;j++)
        {
            temp=temp>>1;
            while(IR==0);
            delay882();
            fc=IR;
            if(fc==1)
              delay1000();
            if(fc==1)
              temp=temp|0x80;
            else
               temp=temp&0x7f;
        }
        a[i]=temp;
    }
    if(a[2]==~a[3])
        return 1;
     else
        return 0;
}

void Int0() interrupt 0
{
    EA=0;
    for(r=1;r<11;r++)
    {
        delay882();
        if(IR==1)
        {
            EA=1;
            return;
        }
    }
    while(IR==0);
    delay4741();
```

```
    if(DeCode()==1)
    {
        P2=0xfe;
        switch(a[2])
        {
        case 0x16:P0=0xc0;break;
         case 0x0c:P0=0xf9;break;
         case 0x18:P0=0xa4;break;
         case 0x5e:P0=0xb0;break;
         case 0x08:P0=0x99;break;
         case 0x1c:P0=0x92;break;
         case 0x5a:P0=0x82;break;
         case 0x42:P0=0xf8;break;
         case 0x52:P0=0x80;break;
         case 0x4a:P0=0x90;break;
         default :P0=a[2];
        }
    }
    EA=1;
}

main()
{
    EA=1;
    EX0=1;
    IT0=1;
    while(1);
}
```

任务 2　HC-SR04 超声波测距编程实训

使用时，HC-SR04 的 Trig 引脚接单片机的 P1.0 引脚，Echo 引脚接单片机的 P3.2 引脚。

步骤 1　在 Keil 编程环境中，新建项目。依次打开 E 盘→“用微课学 51 单片机”→“11 红外解码超声测距步进电机矩阵键盘编程”文件夹，再新建并打开“2HC-SR04 超声波测距编程实训”文件夹，将项目文件命名为“HC-SR04 超声波测距编程实训”，保存后选择单片机型号。

步骤 2　新建文件。在新文件编辑区中输入程序代码。第 1 行为包含“reg52.h”头文件，第 2、3 行分别定义无符号字符型和整型变量。

步骤 3　第 5、6 行定义超声波器件引脚所需的两个位寻址变量；第 8 行定义数码管显示数字所需的笔段码数组；第 9～11 行分别定义无符号整型数组、无符号字符型变量、位变量。

步骤 4　第 13～17 行定义 delay ()函数。

步骤 5 第 19～25 行定义外中断 0 的中断服务函数 Int0()。

步骤 6 第 27～38 行定义定时器 0 的中断服务函数 timer0()。

步骤 7 第 40～61 行定义 Snum()函数。

步骤 8 第 63～113 行定义 main()主函数。

步骤 9 将新建文件保存为“HC-SR04 超声波测距编程实训.c”，并添加到项目中，然后设定输出位置，完成项目的编译链接后，用 STC 烧录软件打开项目的 HEX 文件，将其下载到单片机上运行。运行时，改变挡板与超声波发射接收头间的距离，就能看到相应的数字变化显示，如图 11-3 所示。

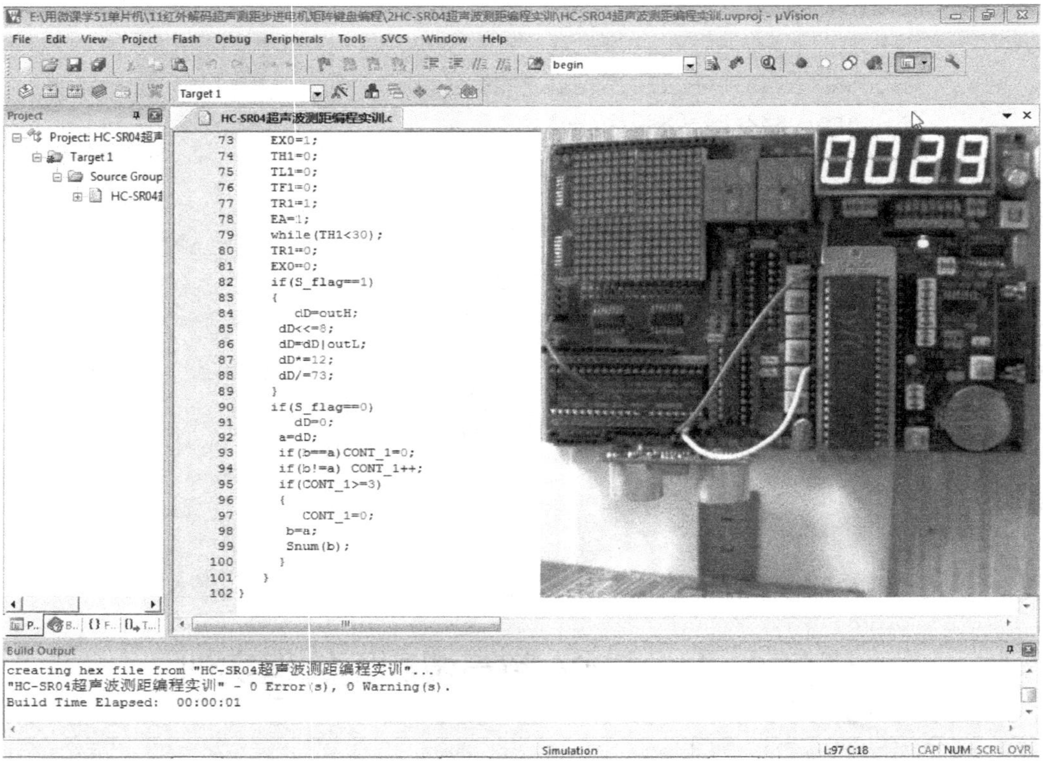

图 11-3 HC-SR04 超声波测距编程实训程序运行效果图

本任务的源程序如下。

```
//
#include"reg52.h"
#define uchar unsigned char
#define uint unsigned int

sbit Trig=P1^0;              //产生脉冲引脚
sbit Echo=P3^2;              //回波引脚

uchar code num[10]={0xc0,0xf9,0xa4,0xb0,0x99,0x92,0x82,0xf8,0x80,0x90};
uint dist[4];                //测距接收缓冲区
uchar ge,shi,bai,qian,temp,flag,outH,outL,i;
```

```
bit S_flag;                    //测试标记

void delay()                   //20μs延时函数
{
   uchar x;
   for(x=0;x<100;x++)
       ;
}

Int0() interrupt 0             //外中断0服务函数，由回波触发
{
   outH=TH1;                   //取出T1的高8位
   outL=TL1;                   //取出T1的低8位
   S_flag=1;                   //置成功标志
   EX0=0;                      //关闭外中断0
}

timer0() interrupt 1           //定时器T0中断服务函数，用于显示
{
   TH0=0xfd;
   TL0=0x77;
   switch(flag)
   {
     case 0x00:P0=ge;P2=0xf7;flag++;break;          //显示个位
     case 0x01:P0=shi;P2=0xfb;flag++;break;         //显示十位
     case 0x02:P0=bai;P2=0xfd;flag++;break;         //显示百位
     case 0x03:P0=qian;P2=0xfe;flag=0;break;        //显示千位
   }
}

void Snum(uint D)                   //获取各位数上的段码
{
    EA=0;                           //关总中断
    qian=num[D/1000];               //取千位段码
    bai=num[D/100%10];              //取百位段码
    shi=num[D/10%10];               //取十位段码
    ge=num[D%10];                   //取个位段码
    EA=1;                           //开总中断
}

void main()
{
   uint dD,a,b;
   uchar CONT_1;
   i=0;
   flag=0;
   Trig=0;                     //拉低脉冲引脚
```

```
    TMOD=0x11;                //定时器T0、T1为16位工作方式
    TR0=1;                    //启动T0
    IT0=0;                    //令外中断0为低电平触发
    ET0=1;                    //启动T0计时
    EX0=0;                    //允许T0中断
    EA=1;                     //开总中断
    while(1)
    {
      EA=0;                   //关总中断
      Trig=1;                 //升高脉冲电平
      delay();                //延时20μs
      Trig=0;                 //产生的正脉冲为20μs
      while(Echo==0);         //等待Echo回波引脚变高电平
      S_flag=0;               //复位标志
      EX0=1;                  //允许外中断0的中断请求
      TH1=0;                  //T1清零
      TL1=0;                  //T1清零
      TF1=0;                  //T1标志清零
      TR1=1;                  //启动T1
      EA=1;                   //开总中断
      while(TH1<30);          //定时等待测量结果
      TR1=0;                  //关闭T1
      EX0=0;                  //关闭外中断INT0
      if(S_flag==1)           //成功标志
      {                       //计算测距
        dD=outH;
        dD<<=8;
        dD=dD|outL;
        dD*=12;
        dD/=73;
      }
      if(S_flag==0)           //没有回波
        dD=0;                 //距离清零
       a=dD;
       if(b==a)CONT_1=0;
       if(b!=a) CONT_1++;
       if(CONT_1>=3)
       {
         CONT_1=0;
         b=a;
         Snum(b);
       }
    }
}
```

任务 3　步进电机编程实训

使用步进电机时，须用 ULN2803 等驱动。步进电机、ULN2803 与单片机的接口电路如图 11-4 所示。

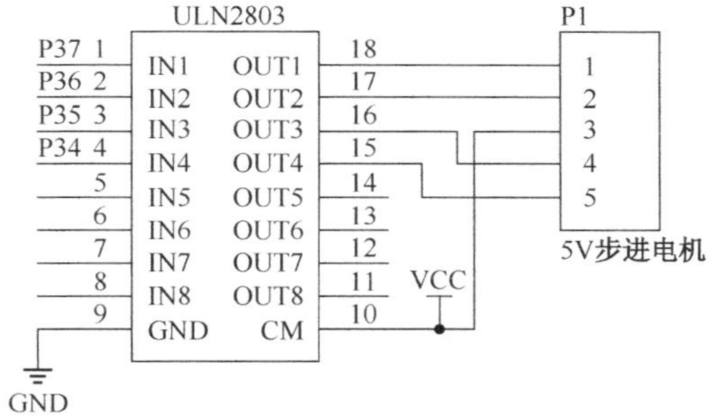

图 11-4　步进电机、ULN2803 与单片机的接口电路

步骤 1　在 Keil 编程环境中，打开“数码管的四位数显示”项目，复制其 C 程序代码。

步骤 2　新建项目。依次打开 E 盘→“用微课学 51 单片机”→“11 红外解码超声测距步进电机矩阵键盘编程”文件夹，新建并打开“3 步进电机编程实训”文件夹，将项目文件命名为“ULN2803 编程实训”，保存后选择单片机型号。

步骤 3　新建文件，在新文件编辑区中粘贴所复制的代码。首先增加 4 个位寻址变量 jia_key、jian_key、fx_key、tz_key 的定义和两个位变量 flag、flaga 的定义，再增加三个无符号字符型变量 speed、interval、table_begin 的定义，两个整型变量 abcd 和 jf 的定义，以及一个无符号字符型数组 table 的定义。

步骤 4　在 disp_LEDS()函数后，定义本程序的按键处理函数 key()，这个函数的作用就是根据按键操作对步进电机的各种控制变量进行相关设置。该函数由 4 个相继的 if 嵌套结构组成。第一个 if 嵌套结构是 jia_key 按键的处理代码，先输入第一个 if 嵌套结构的全部代码，然后将第一个 if 嵌套结构的全部代码复制，并在其后粘贴，再修改成 jian_key 按键的处理代码。第二个 if 嵌套语句修改完成后，在其后进行粘贴，修改成 fx_key 按键的处理代码。第三个 if 嵌套语句修改完成后，在其后进行粘贴，再修改成 tz_key 按键的处理代码。第四个 if 嵌套语句修改完成后，就完成了 key()函数的定义。

步骤 5　定义 qudong()函数，qudong()函数是驱动 ULN2803 的主控函数。

步骤 6　修改主函数 main()的定义，main()函数中仅有一条 while(1)语句，循环体为两条函数调用语句。

步骤 7　将新建文件保存为“ULN2803 编程实训.c”，并添加到项目中，然后设定输出位置，完成项目的编译链接后，用 STC 烧录软件打开项目的 HEX 文件，将其下载到单片机上运行，就能看到在相应按键的操控下，步进电机能顺时针转动、逆时针转动、加速转动、减速转动。图 11-5 是程序运行时的视频截图。四位数码管显示时，左起第一位为“1”表示步进电机转动，为“0”表示步进电机停转；第二位为“1”表示电机逆时针转动，为

“0”表示电机顺针时转动；第三位表示程序正在运行；第四位显示的 1～4 表示速度，为 4 表示速度最快，为 1 表示速度最慢。

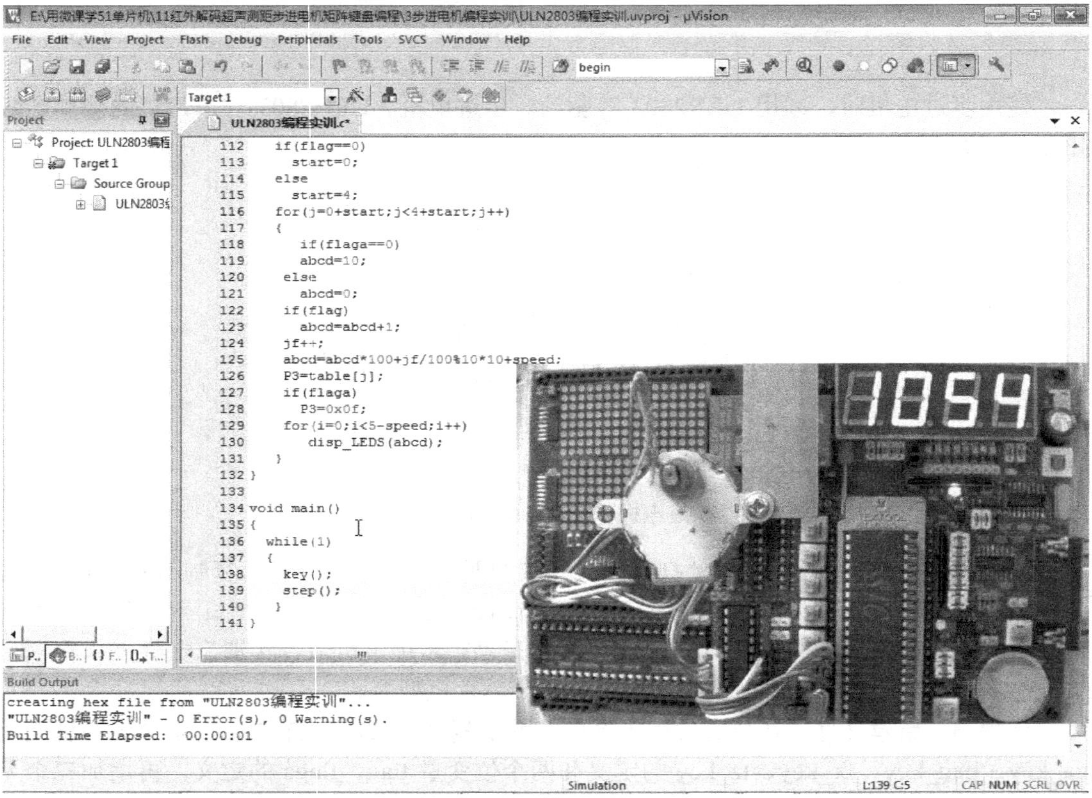

图 11-5　程序运行时的视频截图

本任务的源程序如下。

```
//
#include"reg52.h"
#define uchar unsigned char

sbit qw=P2^0;
sbit bw=P2^1;
sbit sw=P2^2;
sbit gw=P2^3;
sbit jia_key=P1^1;
sbit jian_key=P1^2;
sbit fx_key=P1^3;
sbit tz_key=P1^4;
bit flag=0;
bit flaga=0;
uchar speed=1,interval,table_begin=0;
int abcd=0,jf=0;
```

```
uchar code table[]={0x1f,0x2f,0x4f,0x8f,0x8f,0x4f,0x2f,0x1f};

void delay()
{
   int x;
   for(x=0;x<250;x++)
       ;
}

void disp_LEDS(int m)
{
    int n;
    uchar code num[10]={0xc0,0xf9,0xa4,0xb0,0x99,0x92,0x82,0xf8,0x80,0x90};

   //
   n=m/1000;
   P0=num[n];
   qw=0;
   delay();
   qw=1;

   //
   n=m/100%10;
   P0=num[n];
   bw=0;
   delay();
   bw=1;

   //
   n=m/10%10;
   P0=num[n];
   sw=0;
   delay();
   sw=1;

   //
   n=m%10;
   P0=num[n];
   gw=0;
   delay();
   gw=1;
}
```

```
void key()
{
  if(jia_key==0)
  {
    delay();
    if(jia_key==0)
    {
      speed++;
      if(speed==5)
        speed=4;
      while(jia_key==0);
    }
  }

  if(jian_key==0)
  {
    delay();
    if(jian_key==0)
    {
     if(speed!=1)
       speed--;
      else
       speed=0;
      while(jian_key==0);
    }
  }

   if(fx_key==0)
  {
    delay();
    if(fx_key==0)
    {
     flag=~flag;
      while(fx_key==0);
    }
  }

   if(tz_key==0)
  {
    delay();
    if(tz_key==0)
    {
```

```
      flaga=~flaga;
       while(tz_key==0);
     }
   }
 }

void dispose()
{
   switch(speed)
   {
     case 1:interval=4;break;
     case 2:interval=3;break;
     case 3:interval=2;break;
      case 4:interval=1;break;
   }
   if(flag==0)
     table_begin=0;
   else
     table_begin=4;
}

void qudong()
{
   uchar i,j;
   for(j=0+table_begin;j<4+table_begin;j++)
   {
     if(flaga==0)
        abcd=10;
     else
         abcd=0;
    if(flag)
       abcd=abcd+1;
    jf++;
    abcd=abcd*100+jf/100%10*10+speed;
    P3=table[j];
    if(flaga)
       P3=0x0f;
    for(i=0;i<interval;i++)
       disp_LEDS(abcd);
   }
}

void main()
```

```
    {
       while(1)
       {
          key();
          dispose();
          qudong();
       }
    }
```

任务 4　不用矩阵键盘的矩阵键盘编程实训

在本书的单片机开发板上，按键 S2～S7 被称为独立键盘，这 6 个按键一端固定接地，另一端分别接 P3.2、P3.3、P1.1、P1.2、P1.3、P1.4。可见，每一独立按键都需要占用单片机系统的一个 I/O 引脚。在很多设计中，单片机的 I/O 引脚资源都很紧缺，为节省 I/O 引脚，需要使用矩阵键盘。如图 11-6 所示，把 16 个按键排成 4 行 4 列，把每行的 4 个按键的左端连在一起，就得到 4 根行线；把每列的 4 个按键的右端连在一起，就得到 4 根列线。把 4 根行线依次接 P1.0、P1.1、P1.2、P1.3，用 P10～P13 表示；把 4 根列线依次接 P1.4、P1.5、P1.6、P1.7，用 P14～P17 表示。用程序扫描行线及列线，就可检测到 16 个按键，从而实现 4×4 矩阵键盘功能。

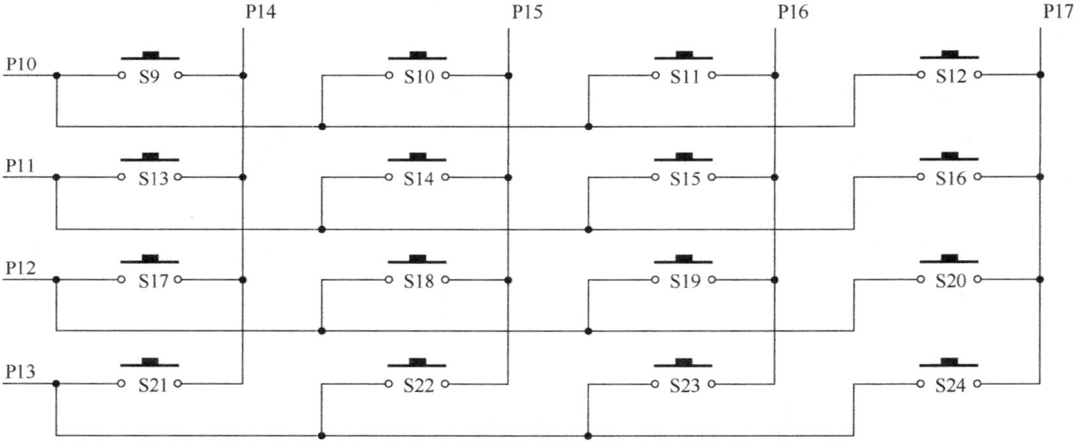

图 11-6　4×4 矩阵键盘接线图

可以这样约定，第一行第一列的按键表示“0”，第二列的按键表示“1”，第三列的按键表示“2”，第四列的按键表示“3”；第二行第一列的按键表示“4”，第二列的按键表示“5”，第三列的按键表示“6”，第四列的按键表示“7”；依此类推，第四行第四列的按键表示“F”（15）。

这样约定后，就可以用程序实现矩阵键盘各按键对应的 0～F 数码显示。这个程序关于按键检测的基本思路是：一行接一行依次（并循环）进行按键扫描检测。首先用“P1=0xfe;”

赋值语句使第一行线为低电平，其余行线和列线全为高电平，通过对临时变量 temp 赋特殊值“temp&0xf0”来判断第一行上有无按键被按下，参见程序中的相关代码及注释。若无按键被按下，则检测第二行。若有按键被按下，则用 switch 语句进一步判定是哪一列的按键被按下，待按键释放后进行对应的键码显示。此后，程序流程进入第二行的检测，完成后再检测第三行、第四行。

由于 4×4 矩阵键盘在 PCB 板上须占用较大空间，因此在本书的单片机开发板上没有安排矩阵键盘，但可以用单片机开发板上的 S8 按键来实现矩阵键盘功能。程序运行时，该按键的两电极必须是一电极接行线，另一电极接列线。例如，若将一电极接 P1.0，另一电极接 P1.4，按下后就显示 0；另一电极接 P1.5，按下后就显示 1；另一电极接 P1.6，按下后就显示 2；另一电极接 P1.7，按下后就显示 3。依此类推，就可以用一个按键，模拟演示 0～F 这 16 个按键，对应显示出 0～F 这 16 个数码。注意，开发板上电时数码管无显示，把 S8 的两电极分别作为行线和列线，行线接 P0～P3，列线接 P4～P7，按下后四个数码管就同时显示同一数码。

步骤 1　进入 Keil 编程环境，新建项目，打开 E 盘→“用微课学 51 单片机”→“11 红外解码超声测距步进电机矩阵键盘编程”文件夹，新建并打开“4 不用矩阵键盘的矩阵键盘编程实训”文件夹，将项目文件命名为“不用矩阵键盘的矩阵键盘编程实训”，保存后选择单片机型号。

步骤 2　新建文件，然后单击任务栏上的文件夹图标，接着打开 E 盘→“用微课学 51 单片机”→“2 数码管编程实训”文件夹，再打开“4 数码管的四位数显示”文件夹，然后用“记事本”打开“数码管的四位数显示.c”文件，复制其前 14 行（含空行）代码，然后转到 Keil 编程环境，在代码编辑区粘贴。

步骤 3　转到“记事本”窗口，复制 disp_LEDS()中的无符号字节型数组 num 的定义语句，然后转到 Keil 编程环境，在 4 个位寻址变量定义语句上进行粘贴。粘贴后，先对数组增加 6 个十六进制数的初始化定义，再将延时函数修改为带参数的形式，以得到所需的各种延时。

步骤 4　在第 14～18 行定义带参数的 dispD()函数，按参数显示 0～F 的十六进制数码。

步骤 5　从第 20 行开始，定义矩阵键盘编程实训中最核心的 keyscan()函数。先完成第一行线的扫描检测及显示代码。完成后将第一行线的扫描检测、显示代码复制，然后粘贴并修改为第二行线的扫描检测、显示代码，再粘贴并修改为第三行线的扫描检测、显示代码，最后粘贴并修改为第四行线的扫描检测、显示代码。

步骤 6　从第 132 行开始，定义 main()函数，完成全部代码的输入工作。

步骤 7　将代码文件保存为“不用矩阵键盘的矩阵键盘编程实训.c”，并添加到项目中，然后设定文件输出位置。

步骤 8　进行编译链接，根据提示检查和修改程序错误，直至没有错误。

步骤 9　用 STC 烧录软件打开项目的 HEX 文件，然后下载到单片机中运行。如图 11-7 所示，S8 行线接 P1.3、列线接 P1.4，按下按键就显示十六进制数码 C。

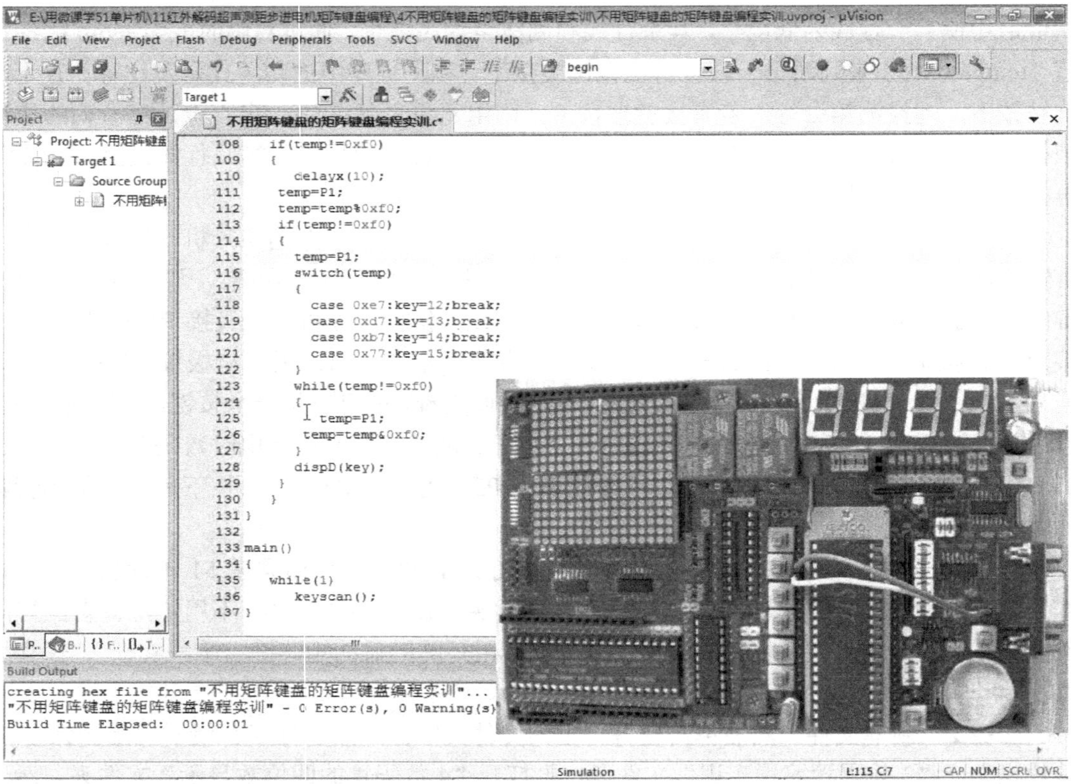

图 11-7　S8 行线接 P1.3、列线接 P1.4，按下按键显示 C

本任务源程序如下。

```
//
#include"reg52.h"
#define uchar unsigned char
#define uint unsigned int

uchar code num[16]={0xc0,0xf9,0xa4,0xb0,0x99,0x92,0x82,0xf8,
0x80,0x90,0x88,0x83,0xc6,0xa1,0x86,0x8e};          //0～F数码显示的笔段码

void delayx(uint x)                                //带参数的延时函数
{
  int i,j;
  for(i=x;i>0;i--)
     for(j=0;j<100;j++) ;
}

void dispD(uchar D)        //显示数码函数
{
  P0=num[D];               //取得段码
  P2=0;                    //四位都接通
}
```

```
void keyscan()              //矩阵键盘扫描函数
{
   uchar temp,key;
   P1=0xfe;                 //将第一行线置低电平，其余行线置高电平
   temp=P1;                 //将P1口数据赋给临时变量temp
   temp=temp&0xf0;          //用与运算创建检测数据
   if(temp!=0xf0)           //temp不等于0xf0，就说明第一行线上有键被按下
   {
     delayx(10);            //使用延时去抖动
      temp=P1;              //将P1口数据赋给临时变量temp
      temp=temp%0xf0;       //用与运算创建检测数据
      if(temp!=0xf0)        //temp不等于0xf0，就说明第一行线上有键被按下
      {
          temp=P1;          //将P1口数据赋给临时变量temp,通过switch语句,用temp
          switch(temp)      //去判断第一行上哪个按键被按下
          {
            case 0xee:key=0;break;
                            //“11101110”表示接第一行第一列的键被按下，0键
            case 0xde:key=1;break;
                            //“11011110”表示接第一行第二列的键被按下，1键
            case 0xbe:key=2;break;
                            //“10111110”表示接第一行第三列的键被按下，2键
            case 0x7e:key=3;break;
                            //“01111110”表示接第一行第四列的键被按下，3键
          }
          while(temp!=0xf0)    //循环等待按键释放
          {
             temp=P1;
             temp=temp&0xf0;
          }
          dispD(key);          //调用显示函数显示按键值
      }
   }

   P1=0xfd//将第二行线置低电平，其余行线置高电平
   temp=P1; //将P1口数据赋给临时变量temp
   temp=temp&0xf0;             //用与运算创建检测数据
   if(temp!=0xf0)              //temp不等于0xf0，就说明第二行线上有键被按下
   {
     delayx(10);               //使用延时去抖动
      temp=P1;                 //将P1口数据赋给临时变量temp
      temp=temp%0xf0;          //用与运算创建检测数据
      if(temp!=0xf0)           //temp不等于0xf0，就说明第二行线上有按键被按下
      {
          temp=P1;          //将P1口数据赋给临时变量temp,通过switch语句,用temp
          switch(temp)      //去判断第二行上哪个按键被按下
          {
```

```
            case 0xed:key=4;break;
                              //“11101101”表示接第二行第一列的键被按下，4键
            case 0xdd:key=5;break;
                              //“11011101”表示接第二行第二列的键被按下，5键
            case 0xbd:key=6;break;
                              //“10111101”表示接第二行第三列的键被按下，6键
            case 0x7d:key=7;break;
                              //“01111101”表示接第二行第四列的键被按下，7键
          }
          while(temp!=0xf0)         //循环等待按键释放
          {
            temp=P1;
            temp=temp&0xf0;
          }
          dispD(key);               //调用显示函数显示按键值
      }
    }

     P1=0xfb;
    temp=P1;
    temp=temp&0xf0;
    if(temp!=0xf0)
    {
      delayx(10);
      temp=P1;
      temp=temp%0xf0;
      if(temp!=0xf0)
      {
          temp=P1;
          switch(temp)
          {
            case 0xeb:key=8;break;
            case 0xdb:key=9;break;
            case 0xbb:key=10;break;
            case 0x7b:key=11;break;
          }
          while(temp!=0xf0)
          {
            temp=P1;
            temp=temp&0xf0;
          }
          dispD(key);
      }
    }

     P1=0xf7;
    temp=P1;
```

```
    temp=temp&0xf0;
    if(temp!=0xf0)
    {
      delayx(10);
      temp=P1;
      temp=temp%0xf0;
      if(temp!=0xf0)
      {
         temp=P1;
         switch(temp)
         {
           case 0xe7:key=12;break;
           case 0xd7:key=13;break;
           case 0xb7:key=14;break;
           case 0x77:key=15;break;
         }
         while(temp!=0xf0)
         {
           temp=P1;
           temp=temp&0xf0;
         }
         dispD(key);
      }
    }
  }

  main()
  {
    while(1)
      keyscan();
  }
```

12

项目十二

编程实训的综合提高

任务1　用四位数码管轮流显示年、月、日、星期、时、分

步骤 1　在 Keil 编程环境中，打开 E 盘→“用微课学 51 单片机”→“4 单总线双总线三总线器件编程实训”→“3DS1302 编程实训”文件夹，打开“DS1302 编程实训”项目，复制其 C 程序代码。

步骤 2　新建项目，依次打开 E 盘→“用微课学 51 单片机”文件夹，新建并打开“12 编程实训的综合提高”文件夹，再新建并打开“1 用四位数码管轮流显示年月日星期时分”文件夹，将项目文件命名为“用四位数码管轮流显示年月日星期时分”，保存后选择单片机型号。

步骤 3　新建文件，在新文件编辑区中粘贴所复制的代码。将新建文件保存为“用四位数码管轮流显示年月日星期时分.c”，并添加到项目中，然后设定输出位置。在第 19 行无符号变量定义中，增加 xq 并赋初值为 0。接下来，在数码管显示函数的十位数显示代码中，新增 if-else 语句（第 52 行），用来关闭或打开十位数显示。

步骤 4　修改外中断 0 的中断服务函数。首先新增“k=0;xq=0;sbj=127;”三变量赋值代码，把 while 循环的条件由“S6==0”改为“1”。在 while 循环内，在三个双重 if 语句的内层 if 语句中，都加上“k=1”作为标记值，即标记出产生了设置数据的按键动作。

步骤 5　在以 S5 为 if 条件的双重 if 结构代码后面，增加一个三重 if 结构，最外层的 if 条件为“k==1”，其内的两重 if 都以“S6==0”为条件。这个三重 if 结构的作用就是把用按键设置的数值作为时数值和分数值保存到时间数组元素 2 和数组元素 1 中，并用 break 语句退出 while 循环。

步骤 6　复制整个 while 循环语句（内有三个双重 if 结构和一个三重 if 结构）及前面的三个赋值语句，然后在这个 while 循环语句的前面粘贴两次。这样，在外中断 0 的中断服务函数中，就有了三个顺序相接的 while 循环，每个 while 循环的功能都是设置两个两位数组合成的四位数。

步骤 7　将外中断 0 服务函数的第一个 while 循环略加修改，使之设置数值适应年份和月份的取值。再将外中断 0 服务函数的第二个 while 循环略加修改，使之设置数值适应日

数和星期数的取值。

步骤 8　将 main()函数进行扩充。首先增加一个无符号整型变量 h 的定义，增加“h=200;”赋值语句，然后修改 while 循环，将其循环条件“1”改为“h--”，将 while 语句及前面的 h 赋值语句全部复制，先在其前面粘贴，将粘贴所得的 while 循环中的有关时数与分数间的秒点闪烁语句删除，再将删除后的 while 语句加上其前面的 h 赋值语句一起复制，然后在其前面粘贴，这样就使 main()函数中有了三个顺序相接的 while 循环。

步骤 9　将 main()函数中的第一个 while 循环略加修改，用来显示公元年数的后两位数和月份数；再将第二个 while 循环略加修改，用来显示日数和星期数；第三 while 循环不修改，用来显示时数与分数（中间有秒点显示）。

步骤 10　保存这个 C 程序文件并进行编译链接，用 STC 烧录软件打开项目的 HEX 文件，将其下载到单片机上运行，先按下 S1 按键，进入外中断 0 的服务函数，设置年、月、日、星期、时和分后，就能看到四位数码管轮流显示基于 DS1302 日历功能的年（公元年数的后两位）数和月数、日数和星期数、时数和分数。

本实训的源程序如下。

```
//
#include"reg52.h"
#define uchar unsigned char
#define uint unsigned int

sbit qw=P2^0;
sbit bw=P2^1;
sbit sw=P2^2;
sbit gw=P2^3;
sbit ds=P2^7;
sbit s3=P1^1;
sbit s4=P1^2;
sbit s5=P1^3;
sbit s6=P1^4;
sbit SCLK=P2^4;
sbit DATA=P2^5;
sbit RST=P2^6;

uchar hour,minute,xq=0,sbj=255;
uchar Utime[7]={56,48,21,8,01,05,18};

void delay()
{
  int x;
  for(x=0;x<250;x++)
      ;
}

void disp_LEDS(int m)
{
   int n;
```

```
    uchar code num[10]={0xc0,0xf9,0xa4,0xb0,0x99,0x92,0x82,0xf8,0x80,0x90};

   //
   n=m/1000;
   P0=num[n];
   qw=0;
   delay();
   qw=1;

   //
   n=m/100%10;
   P0=num[n];
   P0=P0&sbj;
   bw=0;
   delay();
   bw=1;

   //
   n=m/10%10;
   P0=num[n];
   if(xq)sw=1;else  sw=0;
   delay();
   sw=1;

   //
   n=m%10;
   P0=num[n];
   gw=0;
   delay();
   gw=1;
}

void Wbit1302(uchar dat)
{
   uchar i;
   for(i=0;i<8;i++)
   {
      SCLK=0;
      DATA=dat&0x01;
      SCLK=1;
      dat>>=1;
   }
}

void Wbyte1302(uchar Cmd,uchar dat)
{
    RST=0;
    SCLK=0;
```

```
    RST=1;
    Wbit1302(Cmd);
    Wbit1302(dat);
    SCLK=1;
    RST=0;
}

uchar Rbit1302()
{
   uchar i,dat;
   for(i=0;i<8;i++)
   {
       SCLK=0;
       dat>>=1;
       if(DATA==1)
         dat|=0x80;
       SCLK=1;
   }
   return dat;
}

uchar Rbyte1302(uchar Cmd)
{
    uchar dat,k;
    RST=0;
    SCLK=0;
    RST=1;
    Wbit1302(Cmd);
    dat=Rbit1302();
    SCLK=1;
    RST=0;
    k=dat/16;
    dat=dat%16+k*10;
    return dat;
}

void Puts1302()
{
   uchar i,j;
   uchar ucAddr=0x80;
   Wbyte1302(0x8e,0x00);
   for(i=0;i<7;i++)
   {
     j=Utime[i];
     Wbyte1302(ucAddr,j);
     ucAddr+=2;
   }
   Wbyte1302(0x8e,0x80);
```

```
}

void Get1302()
{
    uchar i;
    uchar ucAddr=0x81;
    for(i=0;i<7;i++)
    {
        Utime[i]=Rbyte1302(ucAddr);
        ucAddr+=2;
    }
}

set_mm_ss()interrupt 0
{
   int n,k,i;

   k=0;xq=0;sbj=255;
   minute=10;
   hour=17;
   while(1)
   {
      if(s3==0)
      {
          delay();
          if(s3==0)
          {
             k=1,hour++;
             if(hour>99)
                hour=10;
          }
      }

       if(s4==0)
      {
          delay();
          if(s4==0)
          {
             k=1,hour--;
             if(hour==-1)
                hour=99;
          }
      }

       if(s5==0)
      {
          delay();
          if(s5==0)
```

```
            {
               k=1,minute++;
               if(minute>12)
                  minute=1;
            }
        }

        if(k==1)
        {
           if(s6==0)
           {
               delay();
               if(s6==0)
               {
                  Utime[4]=minute;
                  Utime[6]=hour;
                  break;
               }
           }
        }

        for(i=0;i<30;i++)
        {
           n=hour*100+minute;
           disp_LEDS(n);
        }
     }

     k=0;xq=1;sbj=255;
    minute=7;
    hour=26;
    while(1)
    {
        if(s3==0)
        {
            delay();
            if(s3==0)
            {
               k=1,hour++;
               if(hour>31)
                  hour=1;
            }
        }

         if(s4==0)
        {
            delay();
            if(s4==0)
```

```
            {
               k=1,hour--;
               if(hour==-1)
                  hour=31;
            }
        }

        if(s5==0)
        {
            delay();
            if(s5==0)
            {
               k=1,minute++;
               if(minute>7)
                  minute=1;
            }
        }

        if(k==1)
        {
           if(s6==0)
           {
               delay();
               if(s6==0)
               {
                  Utime[5]=minute;
                  Utime[3]=hour;
                  break;
               }
           }
        }

        for(i=0;i<30;i++)
        {
            n=hour*100+minute;
            disp_LEDS(n);
        }
    }

    k=0;xq=0;sbj=127;
    minute=59;
    hour=23;
    while(1)
    {
        if(s3==0)
        {
            delay();
            if(s3==0)
```

```
        {
            k=1,hour++;
            if(hour>23)
              hour=0;
        }
    }

    if(s4==0)
    {
        delay();
        if(s4==0)
        {
            k=1,minute++;
            if(minute>59)
              minute=0;
        }
    }

    if(s5==0)
    {
        delay();
        if(s5==0)
        {
            k=1,minute--;
            if(minute==-1)
              minute=59;
        }
    }

    if(k==1)
    {
       if(s6==0)
       {
           delay();
           if(s6==0)
           {
             Utime[1]=minute;
             Utime[2]=hour;
             break;
           }
       }
    }

    for(i=0;i<30;i++)
    {
        n=hour*100+minute;
        disp_LEDS(n);
    }
```

```
    }

    Utime[0]=56;

    for(i=0;i<7;i++)
    {
      k=Utime[i]/10;
      Utime[i]=Utime[i]%10;
      Utime[i]=Utime[i]+16*k;
    }
    Puts1302();
}

void main()
{
    uint m,n,time,h,jfb=0;
    IE=0x81;
     EA=1;

     xq=0;sbj=255;h=200;
     while(h--)
     {
      Get1302();
      m=Utime[6];
      n=Utime[4];
      time=m*100+n;
      disp_LEDS(time);
         }

      xq=1;sbj=255;h=200;
     while(h--)
     {
      Get1302();
      m=Utime[3];
      n=Utime[5];
      time=m*100+n;
      disp_LEDS(time);
         }

     xq=0;sbj=255;h=200;
     while(h--)
     {
       sbj=255;
       jfb++;
       if(jfb<=20)
         sbj=127;
       else if(jfb>40)
       {
```

```
            sbj=127;
            jfb=0;
          }
          else
            sbj=255;
        Get1302();
        m=Utime[2];
        n=Utime[1];
        time=m*100+n;
        disp_LEDS(time);
          }
  }
```

任务 2　给 LCD1602 万年历补上调时功能

步骤 1　在 Keil 编程环境中，打开 E 盘→“用微课学 51 单片机”→“10LCD 液晶屏编程实训”→“1LCD1602 编程实训”文件夹，打开“LCD1602 编程实训”项目，复制其 C 程序代码。

步骤 2　新建项目，在 E 盘→“用微课学 51 单片机”→“12 编程实训的综合提高”文件夹中新建并打开“2 给 LCD1602 万年历补上调时功能”文件夹，将项目文件命名为“给 LCD1602 万年历补上调时功能”，保存后选择单片机型号。

步骤 3　新建文件，在新文件编辑区中粘贴所复制的代码。然后，单击任务栏上的文件夹图标，打开“1 用四位数码管轮流显示年月日星期时分”文件夹，再用“记事本”打开“用四位数码管轮流显示年月日星期时分.c”文件。打开后，首先复制 4 个位寻址变量 s3、s4、s5、s6 的定义语句，然后在 Keil 界面代码编辑区的第 21 行进行粘贴。

步骤 4　接下来转到“记事本”窗口，复制无符号变量数组的定义及 delay()函数的定义，然后在 Keil 界面代码编辑区的第 21 行进行粘贴，粘贴后删除数组定义和两个设置数码管显示状态的变量。

步骤 5　转到“记事本”窗口，复制外中断 0 服务函数的全部代码，然后转到 Keil 界面代码编辑区主函数 main()前面（第 187 行）进行粘贴，粘贴后将中断号由 0 改为 2。在代码开头增加 lcd_init()函数调用语句，并删去关于设置数码管显示的两个变量（共 3 处）；然后，在 if 嵌套结构按键判定处理的内层 if 语句中，增加 delayx(255)延时语句（共 9 处）。

步骤 6　在粘贴得来的 main()函数中，对 while(1)循环内前 9 个 LCD 语句（第 394～402 行）进行复制操作，然后在外中断 1 服务函数中，对调用数码管显示函数 disp_LEDS()的第一个 for 循环代码段进行替换，并将显示的数据由数组元素改为表示年和月的变量。

步骤 7　在粘贴得来的 main()函数中，对 while(1)循环内第 14～18 个 LCD 语句（第 407～411 行）进行复制操作，然后在外中断 1 服务函数中，对调用数码管显示函数 disp_LEDS()的第二个 for 循环代码段进行替换，并将显示的数据由数组元素改为表示日和星期的变量。

步骤 8　在粘贴得来的 main()函数中，对 while(1)循环内第 20～26 个 LCD 语句（第 413～419 行）进行复制操作，并在外中断 1 服务函数中，对调用数码管显示函数 disp_LEDS()

的第三个 for 循环代码段进行替换，并将显示的数据由数组元素改为表示时和分的变量。

步骤 9 接下来，在主函数 main()开头增加中断设置语句“IE=0x84;”，将新建文件保存为“给 LCD1602 万年历补上调时功能.c”，并添加到项目中，然后设定输出位置。

步骤 10 保存所有操作结果，对项目进行编译链接，用 STC 烧录软件打开项目的 HEX 文件，将其下载到单片机上运行，并将时间设定为 2018 年 12 月 31 日星期五 23 时 58 分，稍后，如图 12-1 所示，就会看到 LCD1602 显示出了 2018 年的最后 1 秒，实现了岁末跨年的交接显示。

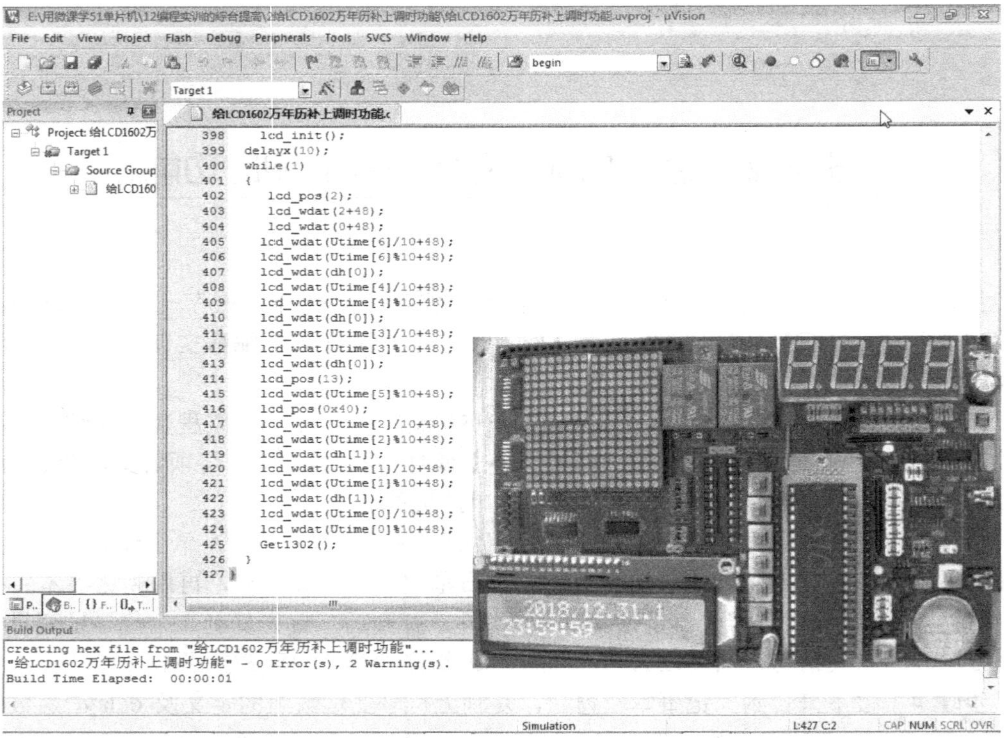

图 12-1 LCD1602 显示出了 2018 年的最后 1 秒

本实训源程序是任务 3 源程序的一部分，具体内容参见任务 3 的源程序。

任务 3 给 LCD1602 万年历加上温度显示

步骤 1 进入 Keil 编程环境，将前一任务的“给 LCD1602 万年历补上调时功能.c”文件中的代码全部复制。

步骤 2 新建项目，打开 E 盘→“用微课学 51 单片机”→“12 编程实训的综合提高”文件夹，新建并打开“3 给 LCD1602 万年历加上温度显示”文件夹，将项目文件命名为“给 LCD1602 万年历加上温度显示”，保存后选择单片机型号。

步骤 3 新建文件，在新文件编辑区中粘贴所复制的代码，然后将光标放在代码的第 18 行，等待粘贴。

步骤 4　单击任务栏上的文件夹图标，打开 E 盘→“用微课学 51 单片机”→“4 单总线双总线三总线器件编程实训”→“1DS18B20 编程实训”文件夹，用“记事本”打开“DS18B20 编程实训.c”文件，先只复制位寻址变量 ds 的定义语句，然后转到 Keil 界面，在第 18 行进行粘贴。再转到“记事本”窗口，复制无符号整型变量，然后回到 Keil 界面，在第 23 行进行粘贴。此后，将光标定位在第 395 行并回车两次以准备粘贴。

步骤 5　转到“记事本”窗口，将 DS18B20 的相关函数全部复制，再转到 Keil 界面，在第 397 行粘贴，再将粘贴所得代码 b20Get()函数中的 if-else 语句全部删除，然后在主函数 main()中增加 b20Set()和 b20Get()的调用语句，注意要在 main()函数的开头增加变量 w 的定义语句。

步骤 6　接下来，在主函数 main()的末尾，增加用 LCD 显示温度的相关语句。

步骤 7　将新建文件保存为“给 LCD1602 万年历加上温度显示.c”，并添加到项目中，然后设定输出位置。

步骤 8　保存所有操作结果，对项目进行编译链接，用 STC 烧录软件打开项目的 HEX 文件，将其下载到单片机上运行，就会看到 LCD1602 显示出了温度数值，如图 12-2 所示。

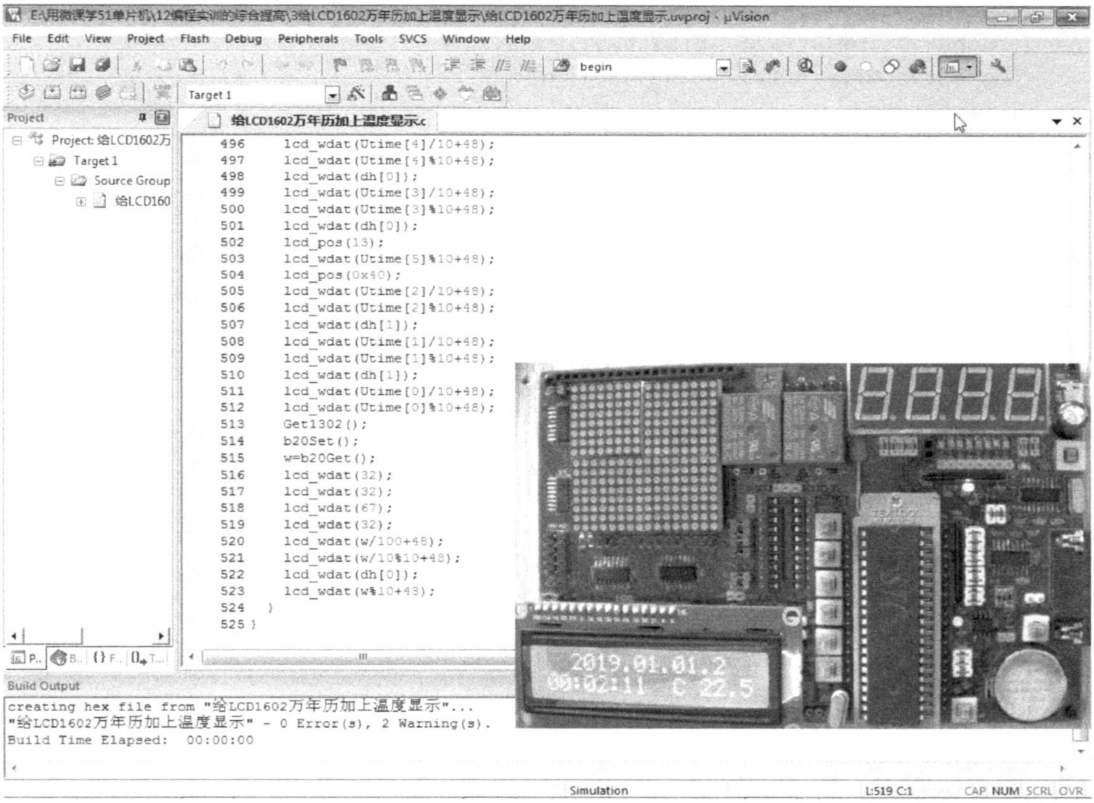

图 12-2　LCD1602 显示出了温度数值

本任务的源程序如下。

```
/*
*/
#include"reg52.h"
```

```
#include"intrins.h"
#define uchar unsigned char
#define uint unsigned int

sbit RS=P2^5;
sbit RW=P2^6;
sbit EP=P2^7;
sbit SCLK=P2^4;
sbit DATA=P2^5;
sbit RST=P2^6;
sbit s3=P1^1;
sbit s4=P1^2;
sbit s5=P1^3;
sbit s6=P1^4;
sbit ds=P1^0;

uchar dh[]={'.',':'};
uchar Utime[7]={56,48,21,8,01,05,18};
uchar hour,minute;
uint temp;

void delay()
{
   int x;
   for(x=0;x<250;x++)
        ;
}

void delayx(uchar x)
{
   uchar i;
   while(x--)
     for(i=0;i<250;i++)
       ;
}

bit lcd_bz()
{
   bit bz;
   RS=0;
   RW=1;
   EP=1;
   _nop_();
   _nop_();
   _nop_();
   _nop_();
```

```
    bz=(bit)(P0&0x80);
    EP=0;
    return bz;
}

void lcd_wcmd(uchar cmd)
{
     while(lcd_bz());
     RS=0;
     RW=0;
     EP=0;
    _nop_();
    _nop_();
    P0=cmd;
    _nop_();
    _nop_();
    _nop_();
    _nop_();
    EP=1;
    _nop_();
    _nop_();
    _nop_();
    _nop_();
    EP=0;
}

void lcd_pos(uchar pos)
{
    lcd_wcmd(pos|0x80);
}

void lcd_wdat(uchar dat)
{
     while(lcd_bz());
     RS=1;
     RW=0;
     EP=0;
     P0=dat;
     _nop_();
    _nop_();
    _nop_();
    _nop_();
    EP=1;
    _nop_();
    _nop_();
    _nop_();
```

```
    _nop_();
    EP=0;
}

void lcd_init()
{
    lcd_wcmd(0x38);
    delayx(1);
    lcd_wcmd(0x0c);
    delayx(1);
    lcd_wcmd(0x06);
    delayx(1);
    lcd_wcmd(0x01);
    delayx(1);
}

void Wbit1302(uchar dat)
{
    uchar i;
    for(i=0;i<8;i++)
    {
        SCLK=0;
        DATA=dat&0x01;
        SCLK=1;
        dat>>=1;
    }
}

void Wbyte1302(uchar Cmd,uchar dat)
{
     RST=0;
     SCLK=0;
     RST=1;
     Wbit1302(Cmd);
     Wbit1302(dat);
     SCLK=1;
     RST=0;
}

uchar Rbit1302()
{
    uchar i,dat;
    for(i=0;i<8;i++)
    {
        SCLK=0;
        dat>>=1;
```

```
        if(DATA==1)
          dat|=0x80;
        SCLK=1;
    }
    return dat;
}

uchar Rbyte1302(uchar Cmd)
{
     uchar dat,k;
     RST=0;
     SCLK=0;
     RST=1;
     Wbit1302(Cmd);
     dat=Rbit1302();
     SCLK=1;
     RST=0;
     k=dat/16;
     dat=dat%16+k*10;
     return dat;
}

void Puts1302()
{
    uchar i,j;
    uchar ucAddr=0x80;
    Wbyte1302(0x8e,0x00);
    for(i=0;i<7;i++)
    {
      j=Utime[i];
      Wbyte1302(ucAddr,j);
      ucAddr+=2;
    }
    Wbyte1302(0x8e,0x80);
}

void Get1302()
{
     uchar i;
     uchar ucAddr=0x81;
     for(i=0;i<7;i++)
     {
        Utime[i]=Rbyte1302(ucAddr);
        ucAddr+=2;
     }
}
```

```
set_mm_ss()interrupt 2
{
   int n,k,i;
   lcd_init();
   k=0;
   minute=10;
   hour=17;
   while(1)
   {
      if(s3==0)
      {
          delay();
          if(s3==0)
          {
             k=1,hour++;
             delayx(255);
             if(hour>99)
                hour=10;
          }
      }

       if(s4==0)
      {
          delay();
          if(s4==0)
          {
             k=1,hour--;
             delayx(255);
             if(hour==-1)
                hour=99;
          }
      }

       if(s5==0)
      {
          delay();
          if(s5==0)
          {
             k=1,minute++;
             delayx(255);
             if(minute>12)
                minute=1;
          }
      }
```

```
    if(k==1)
    {
       if(s6==0)
       {
           delay();
           if(s6==0)
           {
              Utime[4]=minute;
              Utime[6]=hour;
              break;
           }
       }
    }

     lcd_pos(2);
     lcd_wdat(2+48);
     lcd_wdat(0+48);
      lcd_wdat(hour/10+48);
      lcd_wdat(hour%10+48);
      lcd_wdat(dh[0]);
      lcd_wdat(minute/10+48);
      lcd_wdat(minute%10+48);
      lcd_wdat(dh[0]);
}

 k=0;
minute=7;
hour=26;
while(1)
{
    if(s3==0)
    {
        delay();
        if(s3==0)
        {
           k=1,hour++;
           delayx(255);
           if(hour>31)
              hour=1;
        }
    }

     if(s4==0)
    {
        delay();
        if(s4==0)
```

```
            {
               k=1,hour--;
               delayx(255);
               if(hour==-1)
                  hour=31;
            }
        }

         if(s5==0)
        {
            delay();
            if(s5==0)
            {
               k=1,minute++;
               delayx(255);
               if(minute>7)
                  minute=1;
            }
        }

        if(k==1)
        {
           if(s6==0)
           {
               delay();
               if(s6==0)
               {
                  Utime[5]=minute;
                  Utime[3]=hour;
                  break;
               }
           }
        }

          lcd_pos(10);
          lcd_wdat(hour/10+48);
          lcd_wdat(hour%10+48);
          lcd_wdat(dh[0]);
          lcd_pos(13);
          lcd_wdat(minute%10+48);
    }

    k=0;
    minute=59;
    hour=23;
    while(1)
```

```
      {
        if(s3==0)
        {
           delay();
           if(s3==0)
           {
              k=1,hour++;
              delayx(255);
              if(hour>23)
                 hour=0;
           }
        }

         if(s4==0)
        {
           delay();
           if(s4==0)
           {
              k=1,minute++;
              delayx(255);
              if(minute>59)
                 minute=0;
           }
        }

         if(s5==0)
        {
           delay();
           if(s5==0)
           {
              k=1,minute--;
              delayx(255);
              if(minute==-1)
                 minute=59;
           }
        }

        if(k==1)
        {
           if(s6==0)
           {
              delay();
              if(s6==0)
              {
                 Utime[1]=minute;
                 Utime[2]=hour;
```

```
                    break;
                }
            }
        }

        lcd_pos(0x40);
        lcd_wdat(hour/10+48);
        lcd_wdat(hour%10+48);
        lcd_wdat(dh[1]);
        lcd_wdat(minute/10+48);
        lcd_wdat(minute%10+48);
        lcd_wdat(dh[1]);
    }

    Utime[0]=56;

    for(i=0;i<7;i++)
    {
      k=Utime[i]/10;
      Utime[i]=Utime[i]%10;
      Utime[i]=Utime[i]+16*k;
    }
    Puts1302();
}

void b20reset()
{
     uchar i;
     ds=0;
     for(i=1;i<110;i++);
     ds=1;
     for(i=1;i<110;i++);
}

bit b20Rbit()
{
    bit dat;
    ds=0;
    _nop_();
    ds=1;
    _nop_();
    dat=ds;
    return dat;
}

uchar b20Rbyte()
```

```
{
   uchar i,j,dat;
   dat=0;
   for(i=1;i<9;i++)
   {
      j=b20Rbit();
      dat=(j<<7)|(dat>>1);
   }
   return dat;
}

void b20Wbyte(uchar dat)
{
   uint i;
   uchar j;
   bit testb;
   for(j=1;j<9;j++)
   {
      testb=dat&0x01;
      dat=dat>>1;
      if(testb)
      {
         ds=0;
         _nop_();
          ds=1;
         _nop_();
         for(i=1;i<9;i++);
      }
      else
      {
         ds=0;
         for(i=1;i<9;i++);
         ds=1;
         _nop_();
      }
   }
}

void b20Set()
{
   b20reset();
   delayx(1);
   b20Wbyte(0xcc);
   b20Wbyte(0x44);
}
```

```
uint b20Get()
{
   uchar TH,TL;
    b20reset();
   delayx(1);
   b20Wbyte(0xcc);
   b20Wbyte(0xbe);
   TL=b20Rbyte();
   TH=b20Rbyte();
   temp=TH;
   temp<<=8;
   temp|=TL;
    temp=temp*6.25;
    temp=temp+5;
    temp=temp/10;
    return temp;
}

main()
{
    int w;
    IE=0x84;
    lcd_init();
    delayx(10);
    while(1)
    {
       lcd_pos(2);
       lcd_wdat(2+48);
       lcd_wdat(0+48);
        lcd_wdat(Utime[6]/10+48);
        lcd_wdat(Utime[6]%10+48);
        lcd_wdat(dh[0]);
        lcd_wdat(Utime[4]/10+48);
        lcd_wdat(Utime[4]%10+48);
        lcd_wdat(dh[0]);
        lcd_wdat(Utime[3]/10+48);
        lcd_wdat(Utime[3]%10+48);
        lcd_wdat(dh[0]);
        lcd_pos(13);
        lcd_wdat(Utime[5]%10+48);
        lcd_pos(0x40);
        lcd_wdat(Utime[2]/10+48);
        lcd_wdat(Utime[2]%10+48);
        lcd_wdat(dh[1]);
        lcd_wdat(Utime[1]/10+48);
        lcd_wdat(Utime[1]%10+48);
```

```
            lcd_wdat(dh[1]);
            lcd_wdat(Utime[0]/10+48);
            lcd_wdat(Utime[0]%10+48);
            Get1302();
            b20Set();
            w=b20Get();
            lcd_wdat(32);
            lcd_wdat(32);
            lcd_wdat(67);
            lcd_wdat(32);
            lcd_wdat(w/100+48);
            lcd_wdat(w/10%10+48);
            lcd_wdat(dh[0]);
            lcd_wdat(w%10+48);
        }
}
```

FL

附录

C 语言编程基础

附 1　C 语言程序的组成结构和运行机制

1. C 程序的组成

一般来说，51 单片机源程序由预处理命令、全局数据定义语句、函数定义和注释这四部分组成。

1）预处理命令

预处理命令有三种，使用时都用“#”字符开头，分别是文件包含命令 include、宏定义命令 define、条件编译命令 indef。本书主要使用文件包含和宏定义这两个命令。注意，预处理命令行后面不能有分号。

2）全局数据定义语句

为了在整个程序中都能处理同一用途的相关数据对象，这些数据对象就要在各函数定义的前面先行定义。全局数据定义中可以有各种类型的变量、数组及单片机中关于寄存器寻址和位寻址的变量。

3）函数定义

C 程序由 C 函数组成。C 函数由函数头和函数体组成。这里说函数的组成，指的就是函数的定义。函数定义的一般形式如下：

```
类型说明符　函数名(形式参数列表)
{
    语句序列
}
```

除了主函数，定义一个函数的目的是让其他函数来调用。

4）注释

虽然从本质上讲，注释不影响程序的运行，即在编译时将被全部略去，但在源程序中使用注释能提高程序的可读性。因此，要提倡在源程序中添加注释。

2．C 程序的运行机制

C 程序由若干个 C 函数组成，其中必须有一个且只能有一个名为 main 的主函数。程序运行时总是从主函数 main()开始，如果只有主函数 main()而没有其他函数，程序自然就在主函数 main()中结束运行。如果还有其他函数，那就要在主函数中调用其他函数来实现程序功能。执行函数调用时，流程将从主调函数转移到被调函数，在被调函数中运行完成后，程序流程又返回到主调函数中接着运行。因此，有调用就有返回。函数的调用可以嵌套。不管函数调用如何嵌套，最终都将返回到主函数 main()中，由主函数来结束整个程序的运行。

附 2　C 语言的字符集、标识符、关键字和语句

1．字符集

单片机 C 程序都是由键盘上的字符（即 ASCII 码字符）按相应语法规定写成的，这些字符分为三类。

（1）26 个英文字母（包括大小写）。

（2）10 个阿拉伯数字。

（3）其他符号，如[、]、{、}、+、–、*、/、%、<、=、>、!、|、&等。

2．标识符

源程序中有各种程序对象，如变量、函数、数组、数据类型等。为了正确使用这些程序对象，应先命名标识。这种具有名字效应的字符序列，称为标识符。对标识符，C 语言规定：

（1）只能由英文字母（A、B、C、…、Z，a、b、c、…、z）、数字（0、1、2、3、…、9）、下画线“_”三种符号组成。

（2）大写字母与其小写字母视为不同，即代表不同的对象。如 A12 与 a12 代表不同的对象。

（3）数字、字符不能作为标识符的首字符。

3．关键字

C 语言把一些具有特定含义的标识符划归系统使用，作为专用的定义符。这种专用定义符就是关键字。这些特定的关键字不允许程序设计人员作为自定义的标识符使用。C 语言的关键字一般是由小写字母构成的字符序列。

在 Keil 中，针对要访问单片机中的寄存器，扩充了几个关键字：sfr、sbit、codedata、bdata、idata、pdata 等。

4．语句

语句是组成 C 语言程序的基本单位，它能完成特定的操作。每个语句都必须以分号作为结束标志。C 语言中的语句可以分为 6 类，具体如下。

1）说明语句

在一个程序或一个函数的开头，用来定义变量或说明被调函数的语句是说明语句。例如：

```
int a, b, c;
void f1(int);
```

2）表达式语句

在一个表达式的末尾加上分号就构成一个表达式语句。例如：

```
x=a+b;
a++;
```

3）控制语句

完成一定的控制功能。C 语言共有 9 种控制语句：

```
if              选择语句
while           循环语句
do while        循环语句
for             循环语句
continue        结束本次循环语句
break           转出语句
switch          多分支选择语句
goto            转移语句
return          返回语句
```

4）函数调用语句

一个函数调用加上一个分号的语句，如：

```
getch();
```

5）空语句

只有一个分号而没有任何内容的语句，在程序运行中它什么也不做。

6）复合语句

用大括号把若干条语句括起来就构成复合语句，例如：

```
{
        t=a; a=b; b=t;
}
```

复合语句被视为一条语句。

附 3　C 语言中的数据类型

数据既是程序加工和处理的对象，也是加工和处理的结果。不同的数据具有不同的处理方法和不同的取值范围。C 语言的数据类型如附图 3-1 所示。

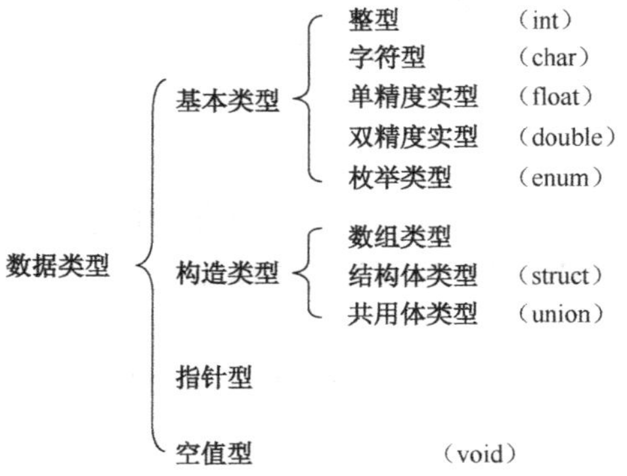

附图 3-1　C 语言的数据类型

为了能对单片机中的寄存器进行操作，还扩充了寄存器寻址类型 sfr 与 sfr16、寄存器位寻址类型 sbit。

附 4　常量和变量

任何数据在程序中呈现的形式只有两种：常量和变量。常量，就是指在程序运行过程中其值不可以改变的量。变量，就是指在程序运行过程中其值可以改变的量。常量和变量都必须从属于某一数据类型。

1. 常量和符号常量

在 C 语言中，根据类型的不同可以将常量分为以下 4 种。

（1）整型常量：以整数形式存在的常量，如 8、0、-6。

（2）实型常量：以浮点数形式存在的常量，即带有小数点的数。

（3）字符型常量：以单个字符形式存在的常量。

（4）字符串常量：以字符序列形式存在的常量。

如果在程序中需要多次用到同一个常量，就可以用一个标识符来代表这个常量，这个代表常量的标识符称为符号常量。定义符号常量的一般格式为

```
#define    标识符    常量
```

这是一条预编译命令，通常放在程序的开头。格式中的标识符就是符号常量。例如：

```
#define  PI  3.14
```

一般情况下，符号常量名用大写，变量名用小写，以示区别。使用符号常量的好处是见名知意和修改方便。例如，在上例中，要将圆周率用更精确的 3.1415 替代。如果没有使用符号常量，而是直接使用数值常量 3.14，那么在程序中所有使用 3.14 的地方均要做修改，容易产生遗漏。而使用符号常量则只修改定义时的常量值即可。

2. 变量

C 语言中，变量可分为整型变量、实型变量、字符型变量。在 C 程序中，变量必须遵守“先定义，后使用”的原则。定义变量的一般格式为

```
类型标识符    变量名表;
```

例如：

```
int  a, b, c;              /* 定义整型变量 */
float  x, y, z;            /* 定义实型变量 */
char  ch1, ch2;            /* 定义字符型变量 */
```

附 5　整型数据

在 C 语言中，用于表达和处理整数的数据称为整型数据。整型数据分为整型常量和整型变量。

1. 整型常量

整型常量即整数常量。在C语言中，整型常量可以用以下3种形式表示。

（1）十进制整数，如163、3721。

（2）八进制整数，如0123、0567。

（3）十六进制整数，如0x123、0xabc。

C语言规定，八进制整数以数字0开头，十六进制整数以0x开头。

2. 整型变量

整型变量是用来存放整型数据的变量，可以分成以下4种。

1）有符号基本整型变量

有符号基本整型变量用signed int定义，或直接用int定义。每个变量的字节长度为2，表示数的范围为-32 768～32 767。

2）无符号基本整型变量

无符号基本整型变量用unsigned int定义，或直接用unsigned定义。每个变量的字节长度为2，所表示数的范围为0～65 535。

3）有符号长整型变量

有符号长整型变量用signed long int定义，或直接用long定义。每个变量的字节长度为4，所表示数的范围为-2 147 483 648～2 147 483 647。

4）无符号长整型变量

无符号长整型变量用unsigned long int定义，或直接用unsigned long定义。每个变量的字节长度为4，所表示数的范围为0～4 294 967 295。

附6 实型数据

在C语言中，实型数据分为实型常量和实型变量。

1. 实型常量

实型常量有两种表示形式。

（1）小数形式：由数字和小数点组成，如3.14、2.73。

若整数部分为0，可省略整数部分，如.618与0.618等价；若小数部分为0，可省略小数部分，如7.与7.0等价。但不能没有小数点，且小数点两边至少有一边要有数。

（2）指数形式：如1.43E16。字母E（或e）之前、之后都必须有数，并且E（或e）后面的数必须为整数。

2. 实型变量

实型变量分为单精度型和双精度型。

1）单精度实型变量

用类型标识符float定义的是单精度实型变量，其长度为4字节，取值范围是-3.4E-38～3.4E38。

2）双精度实型变量

用类型标识符 double 定义的是双精度实型变量，其长度为 8 字节，取值范围是 -1.7E-308～1.7E308。

附 7　字符型数据

用于表达字符的数据称为字符型数据，有字符常量和字符变量之分。

1．字符常量

字符常量是用一对单引号括起来的一个字符，如'A'、'#'、'*'等。

2．字符变量

用 char 定义的变量是字符变量，其长度为 1 字节。字符变量用来存放一个字符常量。将一个字符常量存入字符变量中，实际上是将该字符的 ASCII 码值存入存储单元中，与整数的存储形式类似。因此，可以把 0～255 范围内的一个数用“%c”的格式来输出其与 ASCII 码值对应的一个字符；反之，也可以把存储一个字符常量的字符变量用“%d”的格式来输出其对应的 ASCII 码值。

附 8　C51 扩充数据类型

1．sfr 型

sfr 型占用 1 字节，值域为 0～255，利用它可以访问 51 单片机内部的所有特殊功能寄存器。如用“sfr P0=0x80;”定义 P0 为 P0 口在片内的寄存器，此后，用“P0=0Xf0”，就可把 P0 口的高四位设置为高电平，低四位设置为低电平。

2．sfr16 型

sfr16 型占用 2 字节，值域为 0～65535。它用来操作 16 位的寄存器。

3．sbit 型

sbit 型用来访问单片机芯片内部 RAM 中的可寻址位或特殊功能寄存器中的可寻址位，如“sbit qw=P2^1;”。如果需要 P2 口的第 1 位为低电平，可用语句“qw=0”。如果需要 P2 口的第 1 位为高电平，则用语句“qw=1”即可。

附 9　运算符与表达式

运算符是对数据进行某种特定操作的符号。数据呈现的形式可以是常量、变量、函数的返回值等。用运算符将若干数据连接而成的式子称为表达式。单独的一个数据项也是表达式。

C 语言拥有丰富的运算符。最基本的运算符有算术运算符、赋值运算符、关系运算符、逻辑运算符、逗号运算符等。

1. 算术运算符与算术表达式

1）算术运算符

算术运算符可对数据进行算术运算。常用的算术运算符如下。

取负运算符：-

减法运算符：-

除法运算符：/

加法运算符：+

乘法运算符：*

模运算符：%

（1）取负、加法、减法、乘法的运算规则同数学运算规则一致。当除法运算的两个操作数都是整型数据时，其结果为整数（舍去小数部分）；当有一个为实型数据时，其结果为实数。

（2）求模运算的两个操作数都必须是整型数据，其结果为整数。C 语言规定模的正、负符号取被除数的正、负符号。

2）算术表达式

用算术运算符将运算数据连接而得的式子称为算术表达式。单独的一个运算数据也可视为算术表达式。

用 C 语言来表示一般的数学式子时，要把原数学式子中运算数据间省略了的乘号全部补上，要把乘方改写为底数的自乘，分式中的分号要用除号来替换，且分子和分母都要用小括号括住，开平方要用 C 语言的库函数来完成。

2. 赋值运算符与赋值表达式

1）基本赋值运算符。

C 语言中的“=”就是基本赋值运算符。它的作用就是把赋值号右边的表达式的值赋给赋值号左边的变量。如 x=6+9、n=n+1 等。

应特别注意，C 语言中的赋值号“=”不能像数学中的等号那样使用，赋值号的左边只能是一个变量名。

2）赋值表达式

（1）赋值表达式的形式。

赋值表达式是由基本赋值运算符把一个变量和一个表达式连接起来的式子。它的一般形式为

```
变量=表达式
```

如 a=128、n=x+y、m=m+1 等。

赋值运算符的优先级比算术运算符低，其结合性为右结合。

赋值表达式的运算过程：先计算赋值运算符右边表达式的值，然后把计算结果赋给赋值运算符左边的变量。如表达式计算结果的数据类型与左边变量的类型不一致，系统就自动把右边表达式计算结果所得的类型转换成左边变量的类型，再赋值给左边的变量，此时，有可能出现系统误差。

（2）赋值表达式的值。

在 C 语言中，任何表达式均有值。赋值表达式的值就是被赋值变量的值，可以将这个值用来进行各种运算。如：

```
a=b=1
z=(a+10)*(y=((a=3)+(b=4)))
```

上面第一个式子是将赋值表达式“b=1”的值 1 赋给变量 a；第二个式子是将“a=3”赋值表达式的值 3 与赋值表达式“b=4”的值 4 之和 7 赋给 y，再将“y=7”的值 7 作为乘数进行乘法运算。

3）复合赋值运算符

复合赋值运算符是在基本赋值运算符“=”之前加上其他运算符（如+、-、*、/、%等）组合而成的一种赋值运算符，如+=、-=、*=、/=、%=等。其含义说明如下：

a+=99	等价于	a=a+99
b–=a+5	等价于	b=b–（a+5）
c*=12+b	等价于	c=c*(12+b)
d/=a+3	等价于	d=d/(a+3)
m%=n–2	等价于	m=m%(n–2)

4）自增自减运算符

自增运算符++、自减运算符--的操作数只有一个且只能是一个变量，作用是使变量的值增 1 或减 1，也就是把变量的原值取出来加 1 或减 1 后再重新赋值给该变量。自增运算、自减运算的使用形式为：

++x，--x，运算符在变量前面，称为前缀形式，表示变量在使用前自动增 1 或减 1；

x++，x--，运算符在变量后面，称为后缀形式，表示变量在使用后才自动增 1 或减 1。

也就是说，前缀形式和后缀形式的运算结果对变量来说是相同的，但用前缀形式与用后缀形式进行的其他运算的结果就不相同了。

3. 关系运算符和关系表达式

1）关系运算符

关系运算就是对两个量的大小关系进行比较运算，并判定比较的结果是否满足给定关系。满足给定关系时，结果为“真”，用 1 表示；不满足给定关系时，结果为“假”，用 0 表示。C 语言提供了以下 6 种关系运算符：

<	小于
>	大于
<=	不大于
>=	不小于
==	等于
!=	不等于

在上面的 6 种关系运算符中，<、>、<=、>=这 4 种关系运算符的优先级相同，且高于==和!=，==和!=的优先级相同。优先级相同时，关系运算规定从左向右，关系运算符的优先级低于算术运算符、高于赋值运算符。

2）关系表达式

用关系运算符连接两个表达式所组成的式子，称为关系表达式。关系运算的结果是一种逻辑值：关系成立时的逻辑值为“真”，用数值 1 表示；关系不成立时的逻辑值为“假”，用数值 0 表示。这种关系运算所得的逻辑值 1 或 0 还可用来参加算术运算，这就给程序设计带来了方便。

在 C 语言中，不但关系表达式被规定了逻辑值 1 和 0，算术表达式也被规定了逻辑值 1 和 0。算术表达式的值非 0，规定其逻辑值为 1；算术表达式的值为 0，规定其逻辑值为 0。这也给程序设计带来了灵活性。

4. 逻辑运算符与逻辑表达式

逻辑运算符主要用于对关系表达式之间的关系进行进一步的逻辑判断，以表达更复杂的条件。C 语言中，逻辑运算符不但能连接关系表达式，还能连接其他类型的表达式。逻辑运算符有！（非运算）、&&（与运算）、||（或运算）三种。逻辑运算要求运算对象为“真”（用 1 表示）或“假”（用 0 表示），逻辑运算的结果为“真”（用 1 表示）或“假”（用 0 表示）。其运算规则见附表 9-1。

附表 9-1 逻辑运算符的运算规则

数据 a	数据 b	!a	!b	a&&b	a||b
1	1	0	0	1	1
1	0	0	1	0	1
0	1	1	0	0	1
0	0	1	1	0	0

5. 位运算符与位运算表达式

位运算符的作用是对变量进行各二进制位上的运算。它可用来对单片机的硬件进行操作。C 语言一共有 6 种位运算符。下面结合位运算表达式说明运算法则，设 a 为二进数 11110000，b 为二进数 00001111。

（1）<<：左移。例如 a<<4，其中的 4 表示移 4 位，结果为 a=00000000。

（2）>>：右移。例如 a>>5，其中的 5 表示移 5 位，结果是 a=00000111。

（3）&：位对位的与运算。如 a=a&b，a 的 8 位与 b 的 8 位对应相与，结果赋给 a，因此 a=00000000。

（4）|：位对位的或运算。如 a=a|b，a 的 8 位与 b 的 8 位对应相或，结果赋给 a，因此 a=11111111。

（5）^：位对位的异或运算。如 a=a|b，a 和 b 的 8 位对应相异或，结果赋给 a，因此 a=11111111。

（6）～：按位取非。如 a=～a，a 的 8 位按位取非，结果赋给 a，因此 a=00001111。

6. 逗号运算符与逗号表达式

1）逗号运算符

C 语言中的逗号运算符是“，”，其作用是连接两个表达式。

2）逗号表达式

逗号表达式的一般形式为

```
表达式1，表达式2，…，表达式n
```

逗号表达式的运算过程是从左向右依次计算各子表达式的值，然后取最右边子表达式的值作为逗号表达式的值。如：

```
x=12, y=25, x+y
```

那么，逗号表达式的值为 37。

7．运算符的优先级和结合性

C 语言的运算种类多。当同一表达式中出现几种不同的运算符时，就要考虑各个运算符的优先级，应先进行优先级高的运算。而当一个运算量两侧的运算符优先级相同时，则按运算符的结合性所规定的结合方向进行运算。C 语言的结合性分为左结合和右结合两种。左结合是指从左向右执行运算，右结合是指从右向左执行运算。C 语言中的运算符多数是左结合，最典型的右结合运算符是赋值运算符，如 a=b=c，由于赋值运算符“=”的右结合性，应先执行 b=c 赋值运算，再执行 a=(b=c)赋值运算。

常用运算符的优先级和结合性见附表 9-2。

附表 9-2　常用运算符的优先级和结合性

优先级	运算符	名称	结合性
10	() [ ] . ->	括号运算及函数参数表 下标运算符 结构体成员运算符 指向结构体成员运算符	左结合
9	! ++　-- - （类型标识符） & *	逻辑非 自增、自减运算 取负运算 强制类型转换 取变量地址运算 指针运算符	右结合
8	*　/　%	算术乘、除、取模运算	左结合
7	+、-	算术加、减运算	左结合
6	<、<= >、>=	小于、小于等于 大于、大于等于	左结合
5	==、!=	等于、不等于关系运算	左结合
4	&&	逻辑与运算	左结合
3	||	逻辑或运算	左结合
2	= +=、-=、*=、/=、%=	基本赋值运算 复合赋值运算	右结合
1	,	逗号运算	左结合

说明：表中运算符优先级的序号越大，表示优先级越高。

附 10　程序的三种基本结构

结构化程序设计方法用三种基本结构来构成整个程序。这三种基本结构是顺序结构、选择结构、循环结构，其流程图如附图 10-1 所示。

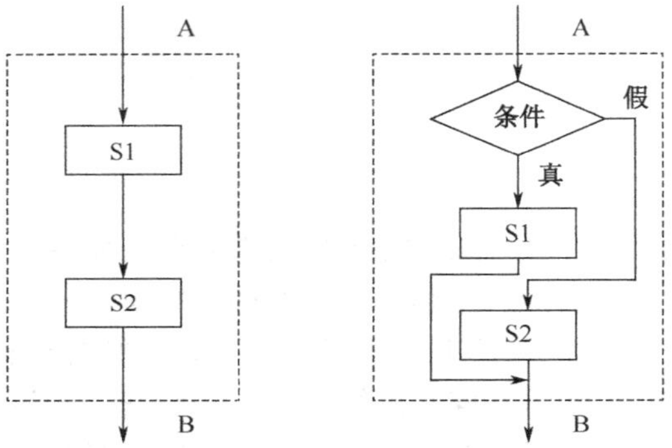

（a）顺序结构　　（b）选择结构　　（c）循环结构

附图 10-1　三种基本结构的流程图

1．顺序结构

顺序结构表示从入口 A 进入后，所有操作无条件地按照它们排列的顺序依次进行。其特点是所安排的操作没有执行不到的，也没有要执行多次的。从上到下依次执行后，流程从出口 B 走出而进入后一结构。

2．选择结构

选择结构表示从入口 A 进入后，须根据某条件的成立与否来对其中的操作进行取舍。在附图 10-1（b）中，其规则是，当条件成立时，就执行 S1 操作而绝不执行 S2 操作；当条件不成立时，就绝不执行 S1 操作而执行 S2 操作。选择的结果不可能是两个操作都选或都不选，即必须选其一。“选一”执行后流程从出口 B 走出而进入后一结构。

3．循环结构

循环结构表示从入口 A 进入后，可由其条件的成立而多次重复执行有关操作。其规则是，只要条件成立，就要执行一次 S 操作，每执行一次 S 操作后，都要返回重新计算该条件；当条件不成立时，就不执行 S 操作，流程就从出口 B 走出而进入后一结构，如图 10-1（c）所示。

在三种基本结构的流程图中所标识的操作 S1、S2、S，都可以是一个 C 语句或一个 C 复合语句。

从上面的表述可知：三种基本结构都具有唯一入口 A 和唯一出口 B，结构内每一部分都有机会被执行，结构内不会出现死循环。

附 11　选择结构

1．if 语句

if 语句的一般形式：

```
    if(表达式)
        语句
```

if 语句的流程图如附图 11-1 所示。

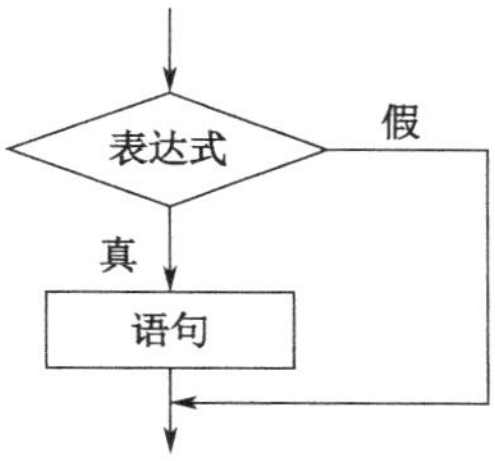

附图 11-1　if 语句流程图

执行规则：首先对表达式进行判断，如果计算结果为“真”，那么执行“语句”，否则跳过“语句”。通常“表达式”是一个关系表达式，用于对两个值进行比较，如 x>6；或者是一个逻辑表达式，用于表示若干条件成立或不成立的关系，如 a>10&&a<100；还可以是一个算术表达式，如 n+n。

2．if-else 语句

if-else 语句的一般形式如下：

```
if(表达式)
  语句1
else
  语句2
```

if-else 语句的流程图如附图 11-2 所示。

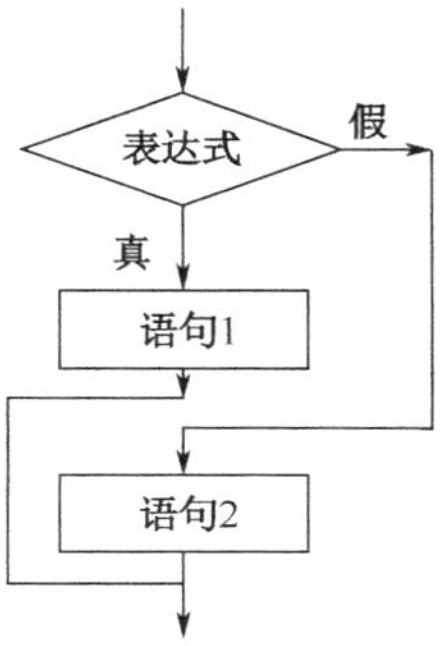

附图 11-2　if-else 语句的流程图

执行规则：首先计算表达式的值，如果为真，则执行语句 1，否则执行语句 2。

3．if-else if 语句

if-else if 语句是 if 语句的第三种形式，它的一般形式如下：

```
if(表达式1)
  语句1
else  if(表达式2)
  语句2
else
  语句3
```

其流程图如附图 11-3 所示。

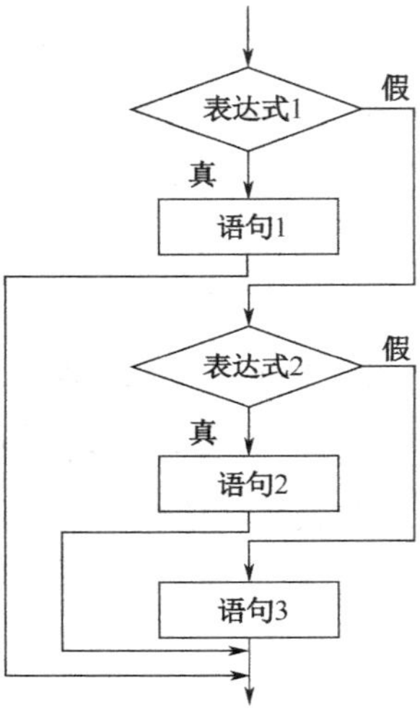

附图 11-3　if-else if 语句流程图

4．switch 语句

switch 语句也称多分支语句，它的一般形式如下：

```
switch  (表达式)
{
 case  常量表达式1:  语句1
 case  常量表达式2:  语句2
 ⋮
 case  常量表达式n:  语句n
 default:              语句n+1
}
```

不带 break 的 switch 结构流程图如附图 11-4 所示。

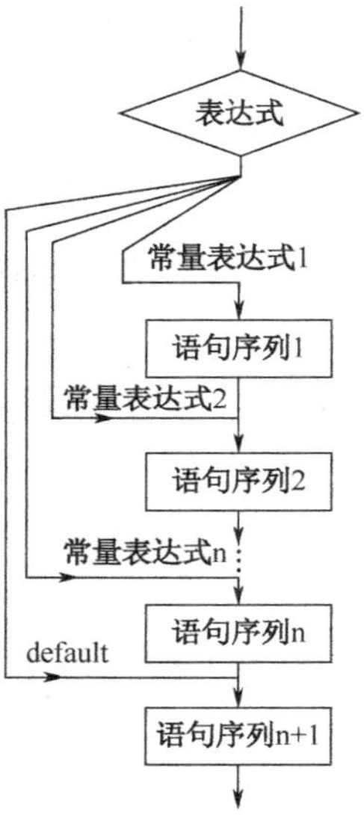

附图 11-4　不带 break 的 switch 结构流程图

带 break 的 switch 结构流程图如附图 11-5 所示。

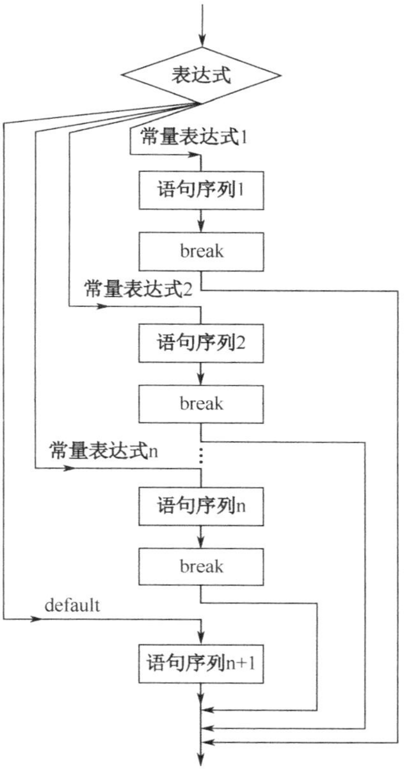

附图 11-5　带 break 的 switch 结构流程图

5．选择结构要点小结

实现选择结构的是 if 语句和 switch 语句。C 语言中 if 语句有三种形式。if 语句根据表达式的计算结果来决定是否执行其从属语句的操作，if-else 语句根据表达式的计算结果来从两个从属的操作中选择执行，if-else if 语句根据 n 个表达式的计算结果来从 n+1 个从属的操作中选择执行。

在一个 if 结构中又包含另一个 if 结构，称为 if 结构的嵌套；嵌套时 else 总是与上面最近的那个 if 配对，但被大括号括上了的 if 除外；else 不能离开 if 而独立存在。

switch 语句又称多重选择语句。它是从多个 case 常量表达式中找出与 switch 表达式相匹配的一个来作为入口，无匹配者时以 default 为入口。没有入口就结束整个 switch 结构。有入口就从入口进入而执行其后的语句。若其后的语句中含有 break，则执行 break 流程后就转出 switch 结构。否则，就依次执行 switch 结构的闭括号“}”之前的所有语句。

if 语句和 switch 语句都根据表达式的计算结果选择对应的子句来执行。尽管一个选择语句可能含有多个从属的子句，但这个选择语句在程序组成中被视为一个语句。这种含有子句的语句称为结构语句。

附 12　循环结构

1. for 语句

for 语句的一般形式：

```
for(表达式1;表达式2;表达式3)
 {
     语句组
 }
```

其中，for(表达式 1;表达式 2;表达式 3)称为循环头，下面大括号所界定的范围称为循环体。for 语句的流程图如附图 12-1 所示。它的执行规则如下：

A：先计算表达式 1，再转 B。

B：计算表达式 2，若其值为真（1），则转 C；若其值为假（0），则转 E。

C：执行 for 下面大括号中的语句组，执行完后转 D。

D：计算表达式 3，结束本次循环，转回 B 开始下一次循环。

E：结束循环。流程转出整个 for 循环结构，也就是去执行 for 循环结构后面的第一条语句。

使用 for 语句来进行循环结构设计，一般要先在 for 语句前定义一个循环控制变量，并在 for 循环头中用表达式 1 对这个循环控制变量赋初值；用表达式 2 建立一个包含循环控制变量的关系运算；用表达式 3 来使循环控制变量更新，从而使表达式 2 趋于变假。

特别地，当循环体中仅有一个语句时，可以去掉大括号。

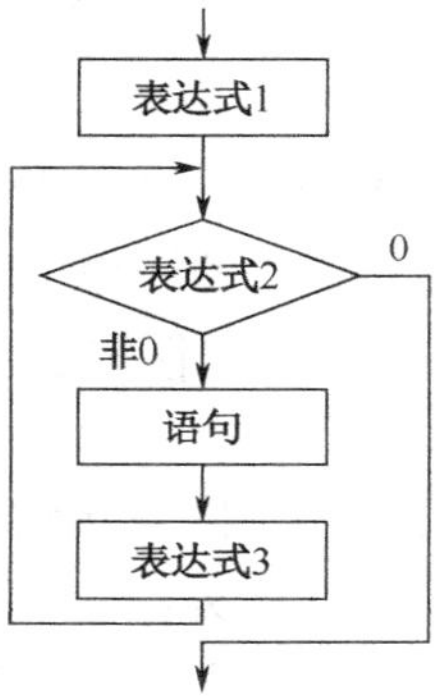

附图 12-1　for 语句流程图

2. while 语句

while 语句的一般形式如下：

```
while(表达式)
 {
   语句组
 }
```

其流程图如附图 12-2 所示。执行规则如下：

先计算表达式，若表达式的值不为 0，就执行一次循环体语句组，然后返回再次计算表达式。如此重复，直到表达式的值为 0 时，流程转出循环结构。

另外，当且仅当大括号括住的语句组只是一个语句时，大括号可省略。

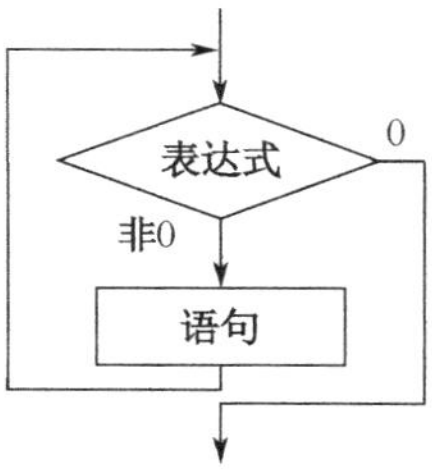

附图 12-2 while 语句流程图

3. do-while 语句

do-while 语句的一般形式：

```
do
  {
    语句组
  }while(表达式);
```

其流程图如附图 12-3 所示。

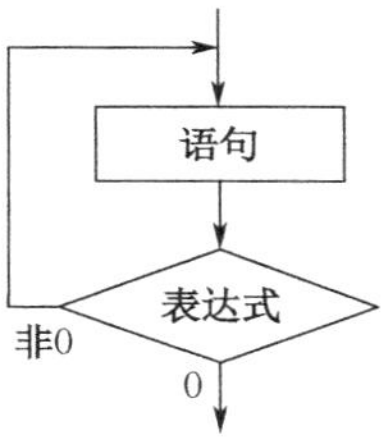

附图 12-3 do-while 语句流程图

其执行规则是：首先执行一次循环体语句，然后计算表达式的值；若表达式的值为 1，就返回执行循环体语句，再计算表达式的值，直到计算的表达式的值为 0，流程就退出整个 do-while 结构。

还要注意的是，在 do-while 语句中，最后的 while(表达式)后面的分号不可少。

4. break 语句和 continue 语句

break 语句和 continue 语句是循环结构的辅助语句。前者用于终止整个循环结构执行流程而进入后续程序结构执行流程，后者是跳过本次循环体中的后续操作而将流程转到循环头。使用这两个语句可提高循环结构的灵活性。

5. 循环嵌套

一个循环体中又包含另一个完整的循环结构，称为循环嵌套，也就是二重循环。在二重循环的外面再包装一层循环，就构成三重循环。下面的程序段是一个二重循环结构。

```
for(m=1;m<=20;m++)
{
    for(n=1;n<=25;n++)
    {
        ;
```

```
    }
}
```

在 C 语言中，整个 for 语句被视为一个语句，因此，外层的大括号对可省略，可写成：

```
for(m=1;m<=20;m++)
    for(n=1;n<=25;n++)
    {
        ;
    }
```

由于内层循环的循环体中只有一个语句，大括号对可省去，即可写成下面的形式：

```
for(m=1;m<=20;m++)
    for(n=1;n<=25;n++)
        ;
```

以上三种形式完全等效。

附 13　数组

1．一维数组的定义和引用

1）一维数组的定义

一维数组是对同一类型的数据有序、连续地加以存储，共用一个名字的数据集合。数组中的数据项称为数组元素，通过非负整数下标来访问。

一维数组定义的一般形式如下：

```
类型说明符　数组名[常量表达式];
```

例如：

```
int a[10];
```

它定义了一个一维整型数组，数组名为 a，此数组共有 10 个元素。

说明：

（1）类型说明符可以是任何数据类型。

（2）数组名的命名规则和变量名相同，遵循标识符命名规则。

（3）在定义数组时，方括号中的常量表达式用来表示元素的个数，即数组长度。

（4）常量表达式中可以包含常量和符号常量，不能包含变量。

（5）数组元素的下标从 0 开始，下标最大值=常量表达式-1。

2）一维数组元素的引用

数组必须先定义后使用。C 语言规定不能一次引用整个数组，只能逐个引用数组元素。数组元素的表示形式如下：

```
数组名[下标]
```

下标可以是整型常量或整型表达式，例如：

```
a[I]=a[i+3]+a[0]+a[2*3];
```

注意：

在定义数组时，方括号中的值代表数组长度；在引用数组元素时，方括号中的值代表元素序号，即下标。

3）一维数组的初始化

在定义数组的同时为数组预置数据，称为数组的初始化。初始化又分为完全初始化和部分初始化。

（1）完全初始化。

如：

```
int a[10]={1, 3, 5, 7, 9, 2, 4, 6, 8, 10};
```

完全初始化时，由于数据的个数已经确定，因此可以不用指定长度。如：

```
int a[ ]={1, 3, 5, 7, 9, 2, 4, 6, 8, 10};
```

以上两种形式完全等价。

（2）部分初始化。

如：

```
int a[10]={1, 3, 5, 7, 9};
```

系统为 a 数组的前 5 个元素依次设置其值，后 5 个元素都用 0 来设定。

4）数组元素的赋初值

数组元素值的建立，除了初始化，还可用赋值语句。

如：

```
int a[10];
a[0]=3;                          /* 赋值方式 */
```

需要注意，初始化与赋值有本质区别：初始化是在编译程序时所做的工作，赋值是在程序运行时做的工作。

2. 二维数组的定义和引用

1）二维数组的定义

二维数组定义的一般形式：

```
类型说明符    数组名[常量表达式1][常量表达式2];
```

说明：

（1）两个常量表达式分别代表二维数组各维的元素个数。

（2）二维数组元素的总数等于两个常量表达式之积。

例如：

```
int  a[3][4];
```

定义 a 为 3×4（3 行 4 列）的数组，共有 3×4＝12 个元素。

C 语言对二维数组采用这样的定义方式，可使我们把二维数组看成一种特殊的一维数组。该一维数组的元素又是一个一维数组。例如，可以把上面的 a 看成一个一维数组，它有三个元素 a[0]、a[1]、a[2]。每个元素又是一个包含 4 个元素的一维数组。C 语言的这种处理在面对诸如二维数组初始化、多个字符串的循环操作等时显得很方便。

C 语言中，二维数组中的元素是按行存放的。例如：对上面定义的 a 数组，先在内层中顺序存放[0][0]、[0][1]、[0][2]、[0][3]，然后存放[1][0]、[1][1]、[1][2]、[1][3]。

2）二维数组元素的引用

二维数组元素的表示形式如下：

```
数组名[行下标][列下标]
```

例如：[1][2]表示数组中第二行第三列的元素（注意，二维数组的两个下标都从0开始）。

特别要注意区分，在定义数组时，方括号“[]”中的常量表达式代表长度，而在引用数组元素时，方括号“[]”中的整型表达式代表下标。

3）二维数组的初始化

（1）分行初始化。

```
int  a[3][4]={{1,2,3,4},{5,6,7,8},{9,10,11,12}};
```

这就把第一对大括号内的数据赋给第一行元素，把第二对大括号内的数据赋给第二行元素。

（2）按序初始化。

```
int  a[3][4]={1,2,3,4,5,6,7,8,9,10,11,12};
```

这是把大括号内的第一个数据赋给第一个元素，第二个数据赋给第二个元素，……。也就是，把1赋给a[0][0]，把2赋给a[0][1]，把3赋给a[0][2]，把4赋给a[0][3]，把5赋给a[1][0]，其余依此类推。

（3）部分初始化。

```
int b[3][4]={1,2,3};
```

这是仅对数组b的前三个元素赋初值。

```
int c[3][4]={{1},{5},{7}};
```

这是对c数组每一行的第一个元素赋初值。

```
int d[3][4]={{1},{0,7},{0,0,11}};
```

这是对第一行的第一个元素，第二行的第一个元素、第二个元素，第三行的第一个元素、第二个元素、第三个元素赋初值。

```
int e[3][4]={{1},{5,6}};
```

这里第三行没有被赋值。

```
int f[3][4]={{1},{},{9}};
```

这里第二行没有被赋值。

说明：

当初始化数据的个数少于数组元素的个数时，后面未被赋值的元素被系统置为0；当数据所分行的行数少于数组的行数时，数组后面的行的元素被系统置为0；当某一数据行的数据个数少于数组每行元素的个数时，数组该行后面的元素被置为0。

另外，当初始化数据的总个数与数组元素的总个数相等时，或数据分行的行数与数组的行数相等时，可省略数组第一维的长度，但第二维的长度不能省略。

附14 变量和数组的存储器类型

由于单片机中严格区分了数据存储器与程序存储器，又有片内存储器和片外存储器的空间差别，因此程序中所定义的变量和数组就要考虑被分配的具体位置。在C51中就用存储器类型关键字来指定各种变量的存放位置，具体含义见附表14-1。

附表 14-1 存储器类型关键字所对应的存储器空间

存储器类型关键字	存储器空间
data	内部 RAM（00H～7FH）
bdata	内部 RAM（20H～2FH）
idata	内部 RAM（00H～FFH）
pdata	外部 RAM（00H～FFH）
xdata	外部 RAM（0000H～0FFFFH）
code	程序存储器（0000H～0FFFFH）

注意，定义时用了关键字 code 的变量或数组就是只读不写的变量或数组。如果变量和数组在定义时没有指定存储器类型，则按系统默认的类型处理。

附 15 函数的定义和调用

C 程序是由函数组成的。函数是一个完成某项功能的程序模块。函数服从程序的调用而完成程序员布置给它的工作。函数的价值在于可多次被调用，从而提高编写源程序的效率。这种函数调用的编程模式，是结构化程序设计的基本理念。

在 C 语言中，把函数分为两大类：系统库函数与用户自定义函数。

1. 系统库函数

C 语言系统把各类程序设计中都离不开的、通用的基本操作定制成了相应独立的功能模块，以函数的形式集成在库文件中。程序员在程序设计中需要它直接进行调用就可以了。例如：printf()函数、scanf()函数、putchar()函数、gets()函数、gotoxy()函数等。编程中要调用 C 语言库函数时，应在源程序的开始处用预处理命令包含所需的头文件。

2. 用户自定义函数

自定义函数是由编程者根据具体的要求而自行设计的功能模块。如果把所有事项的处理都交由主函数 main()具体去做，就会出现粗细不分、头绪紊乱的复杂局面，这样的编程必定事倍功半。有效的方法是：让主函数 main()只做“调度”性的指挥工作，而各项具体事务则分配给那些“子函数”去完成。这样，编写主函数 main()时就只考虑全局性的调度工作，即整个工程应分成哪几项任务，应把这些任务分给哪几个“子函数”去做，然后一个个地去考虑“子函数”应怎样完成具体工作。这种由编程者自己编写的，只负责某项具体功能的“子函数”，就是 C 语言中的自定义函数。C 程序设计的大量工作，就是编写自定义函数。编写自定义函数要遵守 C 语言中关于函数的定义和调用规则。

3. 函数的定义

1）无参数函数的定义

无参数函数定义的一般形式如下：

```
类型标识符    函数名()
{
    函数体语句
}
```

其中，类型标识符说明函数的类型，也就是函数返回值的数据类型。当函数的类型为 int 时，类型标识符可以省略。有一种类型为 void 的函数，表示此函数不返回任何值，即数据类型为空类型。

2）有参数函数的定义

有参数函数定义的一般形式如下：

```
类型标识符  函数名(形式参数列表)
{
    函数体语句
}
```

同无参数函数的定义一样，类型标识符说明函数值的类型，即函数的返回值的类型。

3）形式参数和函数的值

（1）形式参数。

定义有参数函数时，需要在括号内说明形式参数，即要指出形式参数的类型和形式参数的名字。形式参数简称形参。当有多个形参时，各参数之间用逗号分隔。即使多个形参的数据类型相同，每一个形参之前也必须有一个类型说明符。因此，下面的定义是错的，因为第二个形参 b 前面没有类型说明符。

```
maxnum(int a,b){ }
```

定义函数时，函数体是由一对大括号括起来的语句序列，由声明部分和执行部分组成。声明部分是对形式参数以外的变量或其他函数进行类型说明，一般在函数体的开始部分；执行部分实现函数的功能。

（2）函数的值。

函数的值就是函数的返回值。函数的返回值在函数体的末尾由语句 return 指定。return 语句的作用是：

① 终止包含这个返回语句的函数的运行，使程序返回到调用语句继续执行。

② 返回一个值给主调函数。返回值的类型应该与函数定义的类型一致。

return 语句的格式如下：

```
return;
return(表达式);
return表达式;
```

其中，第一种形式的语句一般只表示返回或表示返回一个不确定的值。若在函数的最后，可以省略。省略时函数则以函数体的闭括号为返回标志而返回。return 语句格式中后两个语句是等价的，表示将表达式的值返回给主调函数。

注意：

return 语句中的表达式的类型应该与函数定义的类型一致，否则，系统会自动将返回语句中表达式的类型转换为函数定义的类型。

4．函数调用的方式

1）函数语句

函数调用以一个语句的形式出现。此时不需要被调函数返回一个值，而只是用被调函数完成一定的操作。

2）函数表达式

函数调用以一个表达式的形式出现。表达式调用一般要将其返回值赋给变量保存下来。

3）对被调函数的声明

在 C 语言中，main()是不能被调用的。除此之外，函数之间是相互平等的，它们在源程序中所处位置的先后顺序不影响它们的功能。但调用时，若被调函数在主调函数之后，则应在主调函数的函数体中，声明被调函数及其各形参的类型。函数声明的基本形式如下：

```
函数类型　函数名(参数类型1,参数类型2,…);
```

说明：

（1）当被调函数的类型为 int 或 char 时，可以不对被调函数进行声明。

（2）如果在所有函数定义之前，在函数的外部已进行了函数声明，则在各个主调函数中不必对所调用的函数再进行声明。

4）函数调用中的参数传递

在调用有参数函数时，主调函数用其实参向被调函数的形参传递数据。数据传递有两种不同的渠道：一种是值传递，另一种是地址传递。

如果用基本数据类型和数组元素作为实参，则实参到形参是进行值的传递。此时，实参变量和形参变量是两个不同的实体，各自占有不同的内存单元。传递是把实参变量的值复制给形参变量，形参的任何变化不会影响到实参。

如果函数在定义时的形参是数组，则调用时必须用数组名作为实参，且实参到形参的传递是地址传递。此时，实参数组与形参数组是同一实体，即实参和形参占据的是同一内存空间。对形参数组的操作就是对实参数组的操作，形参数组的变化就是实参数组的变化。

5．全局变量和局部变量

在 C 语言中，变量分为局部变量和全局变量，两者的区别在于作用范围不同。局部变量仅在其定义的函数内部有效，全局变量的作用范围是从该变量定义开始到程序结束。

1）局部变量

局部变量是指定义在函数内部，只能在该函数内部使用的变量。对局部变量的说明如下。

（1）主函数中定义的变量也只在主函数中有效，不能被其他函数引用；同时，主函数也不能使用其他函数中定义的变量。

（2）不同函数中可以定义和使用相同的变量名，互不干扰。因为它们占用不同的内存单元，而 C 程序按内存单元处理数据，因此不会混淆。另外：

① 形参也是局部变量，因此函数调用时的实参可以与函数定义时的形参同名；

② 在函数内部的复合语句中也可以定义变量，这种变量只在该复合语句内有效。

2）全局变量

全局变量在所有函数的外部定义，它的作用范围是从该变量定义开始到程序结束。全局变量的特点：它可被在其定义语句后的所有函数引用。另外，全局变量和局部变量可以同名，在局部变量作用范围内，同名的全局变量不起作用。

反侵权盗版声明

举报电话：（010）88254396；（010）88258888

传　　真：（010）88254397

E-mail：　dbqq@phei.com.cn

通信地址：北京市万寿路 173 信箱

电子工业出版社总编办公室

邮　　编：100036